初心者から

ちゃんとしたプロになる

WordPress

基礎入門

NEW STANDARD FOR WORDPRESS

ちづみ
大串 肇
さいとうしずか
大曲果純 共著

books.MdN.co.jp

MdN
エムディエヌコーポレーション

はじめに

　本書はWordPressの基本的な使い方から、テーマの作成方法、カスタマイズ、運用のTipsなどをひとまとめにして解説したプロを目指す人のための入門書です。WordPressをCMSとして利用する際の基礎として、本書の内容を学んでいただければ幸いです。

　本書では、学習の利便性を考慮して、完成済みのテーマファイルをもとに、WordPressでWebサイトを構築する流れを解説しています。本書のテーマファイルは、わかりやすく学んでいただくために作成したオリジナルのシンプルなテーマです。ぜひ、いろいろ触れ、手を動かしながらWordPressに対する知識を身につけていってください。

　ただし、本書ではWordPress自体に焦点を絞っているため、CSSやHTML、PHP等の言語に関する解説はおこなっておりません。WordPressを本格的に活用するにはPHPの知識が必須となりますので、PHPの基礎について解説してある他の書籍もあわせてご覧いただけると、より深い理解が得られることでしょう。

　WordPressのカスタマイズはとても奥が深く、また多岐にわたります。本書の内容はその中の一部に過ぎません。仕事でWordPressを扱うのであれば、多種多様なカスタマイズを実施していくことになるでしょう。発生する問題もケースバイケースですから、そのつど実装方法や解決方法について、自分で調べ、そして試していくのが基本です。

　ですから本書では、問題解決の初歩となる基礎的な部分に絞って重点的に解説しました。この基礎を元にご自身で学び、そして試し、応用へと広げていっていただければと思っています。

　WordPressは日本ではもちろん、世界でもとても人気があり定着したCMSです。本書で得たWordPressの知識は幅広く助けになるはずです。

　また、WordPressは世界中のコミュニティメンバーと一緒につくるオープンソースのブログソフトウェアでもあります。ぜひ、コミュニティにもご参加いただき、一緒にWordPressに関わっていただければ嬉しいです。オンライン、オフライン問わずどこかで筆者と出会うこともあるかもれません、もし見かけたら、ぜひ声をかけてください。その時をとても楽しみにしています。

2021年10月

著者代表　大串 肇

Contents 目次

本書の使い方

本書は、WordPressの初心者の方に向けて、オリジナルのサイトを制作する際の基本知識を解説したものです。本書の構成は以下のようになっています。

① 記事テーマ

記事番号とテーマタイトルを示しています。

② 解説文

記事テーマの解説。文中の重要部分は黄色のマーカーで示しています。

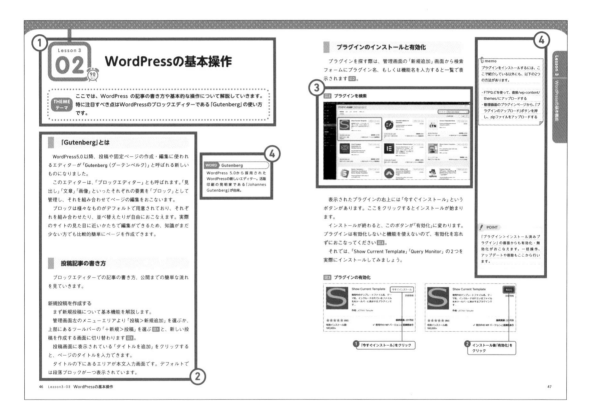

③ 図版

画像やソースコードなどの、解説文と対応した図版を掲載しています。

④ 側注

| POINT | 解説文の黄色マーカーに対応し、重要部分を詳しく掘り下げています。 |

| memo | 実制作で知っておくと役立つ内容を補足的に載せています。 |

| WORD | 用語説明です。 |

サンプルのダウンロードデータについて

本書の解説に掲載しているコードやファイルなどは、下記のURLからダウンロードしていただけます。

https://books.mdn.co.jp/down/3221303019/

WordPressの
基礎知識

まずはWordPressに関する基礎的な知識と仕組みについて
解説します。WordPressが持つ特徴と、Webサイトが表
示される仕組みをしっかりと把握して、その後の実践へと
つなげていきましょう。

読む ▷ 準備 ▷ 制作 ▷ カスタ
マイズ ▷ 運用

WordPressとは

THEME テーマ WordPressとはなんなのかについて、簡単に紹介します。WordPressが持つ特徴や歴史、そして現在の状況について、まずは大まかでいいので把握をしましょう。

WordPressの成り立ち

WordPress は、Matt Mullenweg（マット・マレンウェッグ）氏と、Mike Little（マイク・リトル）氏という2人によって、2003年に作り出されました。

当時マット氏が利用していたブログソフトウェア「b2」をフォークして、マイク氏との共同開発によってリリースされたのがWordPressです。

> **memo**
> 参考
> https://ja.wordpress.org/support/article/history/
> https://ja.wordpress.org/2013/06/05/ten-good-years/

WordPressのシェア

WordPress は 2021年6月現在、CMSの中では世界でも日本でもNo.1のシェア率を誇ります 図1 。

その割合は全世界のWebサイトの41.6%を占め、2位以降に10倍以上の差をつけています。このことから世界でもっとも人気があり、圧倒的な知名度と普及率であることが伺えます。

なお、WordPressのバージョンは2021年9月30日時点で5.8となっています。WordPressでは、基本的に0.1ずつバージョンがアップされていきます。

> **WORD CMS**
> コンテンツ・マネジメント・システム(コンテンツ管理システム) の略称で、HTMLなどのWeb専門知識がない方でも、管理画面から簡単にWebサイトの作成・管理ができるシステムのこと。

> **memo**
> 参考「WrodPressのバージョン」
> https://ja.wikipedia.org/wiki/WordPress

図1　WordPressのシェア（2021年7月1日時点）

Content Management Systems

Most popular content management systems

© W3Techs.com	usage	change since 1 July 2021	market share	change since 1 July 2021
1. WordPress	42.5%	+0.5%	65.1%	+0.1%
2. Shopify	3.9%	+0.2%	6.0%	+0.3%
3. Joomla	1.9%	-0.1%	3.0%	-0.1%
4. Wix	1.7%		2.6%	
5. Squarespace	1.7%		2.6%	

percentages of sites

https://w3techs.com/

オープンソース/GPL

WordPressはオープンソースのプログラムで、GPLというライセンスを持ちます。この2点がWordPressの最大の特徴です。

オープンソースとは

オープンソースはソースコードがオープン（公開されている状態）であり、「ソースコードが一般に公開され、誰でも（基本的に）無償で利用できる」とする考え方です。

> **memo**
> 有料のテーマやプラグインを利用する場合など、費用が発生することもあります。

GPLとは

GPLは「GNU General Public License」の略で、以下の4つの項目に関する自由を制定したライセンスのことです。

- 誰でもプログラムを実行できる自由
- 複製（コピー）できる自由
- 改変、変更できる自由
- 改変したものを再配布できる自由

WordPressを利用する上で、このGPLの考え方を理解しておくことは非常に大切です。

> **memo**
> WordPress.org「100% GPL」とは
> https://ja.wordpress.org/about/license/100-percent-gpl/

オープンソース/GPLのメリットとデメリット

WordPressのメリット・デメリットは オープンソース/GPL に起因しています 図2 。このメリット・デメリットをしっかりと把握しましょう。

図2 **オープンソース/GPLのメリットとデメリット**

メリット	デメリット
基本的に無償で利用できるため、費用がかからない	世界中の人が内容を確認できるので、セキュリティホールがあった場合、攻撃対象になる可能性がある
だれでもプログラムの改善や改修などに参加できる	不具合などが発生した場合の解決が自己責任となる
私的利用も、ビジネス利用も可能	ライセンスの特性を理解していないと、意図しないトラブルに遭遇する可能性がある

WordPressの動作環境

THEME
テーマ

WordPressは非常に便利なWebアプリケーションです。
その恩恵を最大限活用するために、WordPressが動作する環境をPCとサーバ上に整える必要があります。

動的ページと静的ページ

Webサイトには「動的ページ」と「静的ページ」の2種類が存在します。WordPressを使用していくにあたって、その2つの仕組みを理解していきましょう 図1 。

静的ページ

静的ページは、いつどこからアクセスしても毎回同じコンテンツが表示されるWebページのことです。そのWebページの制作者が更新をしなければ、いつまでも内容は同じままです。特徴としては「誰が見ても同じものが表示される」点にあります。例えば企業のホームページなど、常に一定情報を提供する時に使われます。

動的ページ

動的ページは、アクセスした時の状況に応じて、異なるコンテンツが表示されるWebページのことです。特徴としては「見る人によって表示される内容が変わる」点にあります。

例えば、ユーザーが書き込むことで内容が増える掲示板サイトやブログ、表示内容がユーザーごとに違うショッピングサイトや会員制サイトなどが動的ページです。

ユーザーが使用しているブラウザからリクエストがあると、動的ページはWebサーバー上で生成されたHTML文書が表示され、静的ページはWebサーバーにあるHTMLファイルがそのまま表示されます。

また、静的ページと動的ページについてはそれぞれにメリットデメリットがあり、サイトの目的に合わせて使い分けていくことが大切です 図2 。

図1 静的ページと動的ページの違い

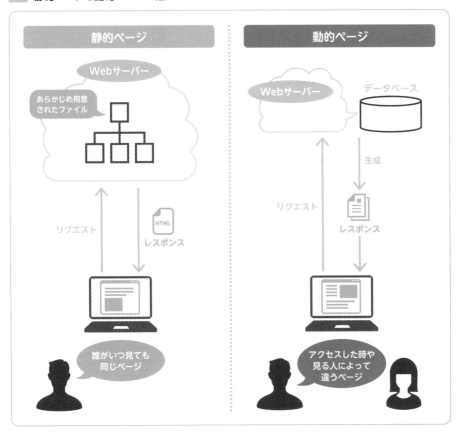

図2 静的ページと動的ページのメリットデメリット

	静的ページ	動的ページ
メリット	・表示速度が速い ・サーバー上にデータベースを設置する必要がない ・動的ページに比べセキュリティ対策が簡単	・柔軟に内容を変えられる ・リアルタイムで最新情報をユーザーにあわせて表示することができる ・更新の手間が少ない
デメリット	・ユーザーごとに異なる内容を表示できない ・更新の手間がある（サーバー接続用のソフト等が必要）	・静的ページより処理量が多くかかる分、表示速度が遅くなり、サーバーに負荷がかかる可能性がある

LAMP環境とは

WordPressはサーバーサイドで動的ページを生成します。そのため、動作にはLAMP環境が必要となります。現在、サーバーの環境としてよく使用されているものがLAMP環境です。

LAMPは「Linux、Apache、MySQL、PHP」の4つの頭文字を取って並べた略語のことで、Webシステム構築のための典型的なプラットフォームです。LAMP環境のPはPHPの他にPerlやPythonなども該当しますが、WordPressではPHPとなります。

memo
サーバー環境は公式では以下を推奨
https://ja.wordpress.org/about/requirements/

Linux

LinuxはUNIX系の軽装なサーバー用オペレーティングシステムです。「Linux」について説明するだけで一つの本になってしまうぐらい奥が深いものなのですが、とりあえずは「サーバーでよく使われるOS」という認識で大丈夫です。

Apache

Web上にサイトを公開するためには、「Webサーバー」というものを利用します。それを担当するソフトウェアです。昨今はApacheの代わりに、nginxを利用するケースが増えています。

memo
nginx公式サイト
https://nginx.org/

MySQL

Webサービスを作るときは、「データベース」と呼ばれる場所にユーザー情報やその他諸々の情報を保存して、プログラムを通してデータを書き込んだり、呼び出したりして処理を実装していきます。MySQLは、データベースを扱うための言語の一つです。

PHP

PHPは、Webサーバー上で動作するプログラミング言語です。Webシステム開発に特化したプログラミング言語と言っても過言ではなく、多くのソフトウェアの開発にも利用されています。

なお開発段階では、擬似的にLAMP環境を構築できるソフトウェアを利用すると便利です。

本書ではこれらのような環境を「Local」というアプリを使って、ご自身のPC上に構築していきます。なお、「Local」についての詳細はLesson2で解説します。

28ページ **Lesson2-01**参照。

ONE POINT

Visual Studio Codeとおすすめアドオンの紹介

「Visual Studio Code」はMicrosoftが開発しているWindows、Linux、macOSのどれにも対応したオープンソースのソースコードエディタです。

「Visual Studio Code」の利点の一つは動作が軽いことです。フォルダごと開いてすぐに作業が開始できます。

もう一つは豊富なアドオンです。アドオンはWordPressのプラグインのようなもので、目的にあわせて機能を強化できます。ここではまず最初に入れておきたい2つのアドオンをご紹介します。

その他にも多くのアドオンがありますので、ぜひいろいろ調べてみて、自分にとって使いやすいように「Visual Studio Code」のカスタマイズをおこなってみてください。

● Japanese Language Pack for Visual Studio Code

もともとメニューなどは英語表記ですが、こちらを利用すると日本語化されます。英語のまま利用して英語に慣れるというのも、勉強にはなりますが、日本語でも利用できるのは便利です。

● WordPress Snippets

WordPressの関数などを候補として表示してくれます。WordPressの関数名をすべて覚えるのは、なかなか困難ですが、こちらを利用すれば最初の数文字を入力すると、関数の候補とその内容が表示されます（英語のみ）。上手に利用することでコーディングの速度が上がります。

Lesson 1

03

30 min

WordPressの構成

THEME テーマ

WordPressでWebサイトを制作する場合、WordPress全体の仕組みをしっかりとイメージすることが重要です。ここでは、WordPressを構成する要素とその役割について解説します。

WordPressの構成と仕組みを理解する意味

Web制作の世界に限らず、物事を理解するためには、その本質をイメージすることが大切です。

WordPressの本質を理解しないままWebサイトの制作をおこなおうとしても、早い段階でつまづいてしまいます。また、簡単なWebページの制作はできたとしても、複雑で高度なWebサイトの構築は難しいでしょう。

WordPressは頻繁に改良が加えられるCMSです。WordPressの公式サイトで掲載されているロードマップでは、今後も継続的なアップデートが予告されています 図1 。WordPressの仕組みを理解しないままでは、このロードマップに沿って進化していく新しいWordPressへの対応が難しくなります。

図1 WordPressのロードマップ

https://ja.wordpress.org/about/roadmap/

　仕組みを理解しておけば、アップデートによって発生したアクシデントやトラブルについても、何が原因でどう対処すればいいかを自分で見つけ出すことができます。はっきりとわからない場合でも、どの辺りに不具合があるのかの予想をつけることはできるはずです。

WordPressの構成

　「WordPressはどのような動きをするのか？」に注目して、WordPressのファイル構成を説明します。

　WordPressのファイルは「コア」「テーマ」「プラグイン」の3つに分類されます。

コア（本体）

　WordPressのプログラム本体をコアと呼びます。

　コアとは英語で「芯」や「中核」を意味します。要するにWordPressのソフトウェア自体のことであり、このメインシステムがその他の構成要素と連携して最終的にWebページとして表示される機能を提供します。また、データベースへの接続情報やインストール場所のパス情報などの諸々の設定情報を保持します。

　基本的にはユーザーが直接触れることはないファイル群ですが、WordPressの設定情報を保存する「wp-config.php」だけは、インストール方法によっては触れることがあります⏵。

78ページ　Lesson4-01参照。

テーマ（見栄え）

　テーマは「見栄え＝ユーザーがWebサイトに訪れた際に目にするサイトの見た目」を管理する役割を持ちます。中身のファイルには、主に見栄えを担当するPHPファイルやCSSファイル、JavaScriptファイル、画像ファイルなどが収納されています。

　WordPressでは、デザイン表示に関するシステムを「テーマ」という独立した構成要素としています。

　テーマには有料と無料のものがあり、独自でカスタマイズすることもできます。

　このテーマ部分を独自に開発することで、時代に即したおしゃれでユーザーにとって便利なデザインを表示できます。

　なおテーマのファイルは「wp-content＞themes」フォルダ内に、テーマごとに収納されています 図2 。

図2　テーマファイルの格納場所

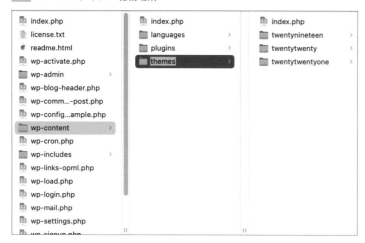

プラグイン（拡張機能）

　プラグインとは、WordPressに標準提供されていない拡張機能を提供するシステムのことです。

　ベースとして装備されているコアシステムとは別に、プラグインという形で機能を提供して、拡張機能を簡単に追加したり、削除したりが可能となります。

　各々の要望に適したプラグインをサイトに導入すると、よりカスタマイズ性の高いオリジナルのWebサイトが構築可能になります。

　なおプラグインのファイルは「wp-content ＞ plugins」フォルダ内に収納されています 図3 。

図3　プラグインファイルの格納場所

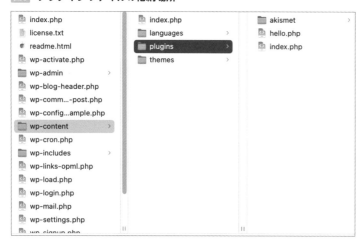

WordPressがWebページを表示する流れ

　WordPressでは、コアシステム、テーマ、プラグインの主な3つのファイルが独自に機能して相互連携することで、Webページを動的に表示しています。

　イメージとしては、「コアシステムを呼び出し」→「テーマやプラグインおよびデータベースのデータを呼び出し」→「Webページを動的に生成」→「インターネット上の閲覧者に返す」という流れになります。

　図4 のファイル構成をイメージして理解し、それぞれのファイルを導入および管理していくことで、WordPress上でより質のよいWebシステムを運用していくことができます。

図4 WordPressの仕組み

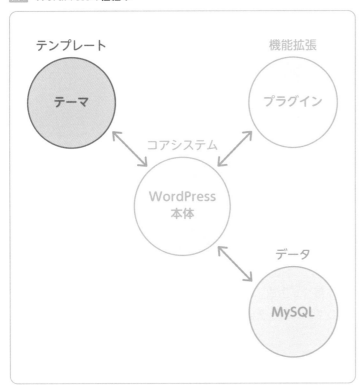

WordPressがWebサイトを表示する流れ

それでは、WordPressがページを表示する流れを見ていきましょう。いきなりすべてを理解するのは難しいですが、流れを知っているだけでも見える世界は大きく変わります。

PHPとMySQL

WordPressはPHPファイル群から構成されるシステムです。

WordPressでは、PHPファイルのプログラムが動作してHTMLを生成します。このHTMLを生成するときに必要不可欠なのがMySQLです。

まずはPHPとMySQLの役割とWebページが表示される流れを説明します。

MySQLの役割

MySQLはデータベース管理システムのことです。WordPressでは、自身が投稿した記事の本文や投稿日時、本文のバックアップなどをデータベースに保存して管理します。データに関することはMySQLがすべて担当する、とイメージするとよいでしょう。

PHPファイルの役割

PHPファイルは、「ページの構成に関わる部分を生成」して、「記事の中身をMySQLから取得」します。そして、これらを組み合わせてHTMLを生成します。

WordPressのPHPファイルはたくさんの種類があり、それぞれが異なる役割を果たしています。

たとえば、page.phpは固定ページのHTMLを、single.phpは投稿ページのHTMLを作成します。また、ページ内のヘッダー部分を生成するheader.phpやサイドバー部分を生成するsidebar.phpなど、部分的にHTMLを生成するものもあります。これらは役割ごとにファイルが分割されています。

82ページ Lesson4-03参照。

例で挙げたように、WordPressでは様々なPHPファイルを実行して一つのWebページを生成します。

PHPファイルすべての内容を覚える必要はありません。ただ、WordPressを運用していくと、Webページに変更を加えたい場合もあることでしょう。そのような時に、「必要となるファイルがどこにあるか」を知っておくと便利です。

WordPressが表示される流れ

WordPressがページを表示する流れは次の通りです。

① ページ表示の要求を受ける（ユーザーが記事などをクリック）
② そのページの表示に必要なデータ（記事の本文）をデータベースに問い合わせ、データベース側がページ表示に必要なデータを探してWordPressに渡す
③ そのページの表示に必要なPHPファイルを実行してレイアウトを取得
④ ページに必要なデータを、取得したレイアウトにあわせて表示

このように、PHPファイルとデータベース、この2つのシステムのデータのやり取りが連動することで、WordPressはWebページを表示します 図1 。

図1 **WordPressがページを表示する流れ**

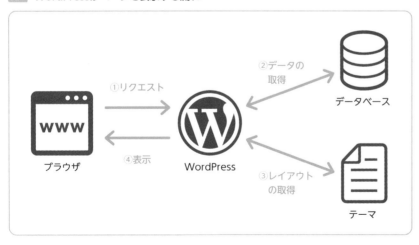

WordPressを使用する上での注意事項

60 min

> **THEME**
> テーマ
>
> WordPressは初心者でも扱いやすく、大規模なWebサイトの構築も可能な優れたCMSです。ただし、効率よく安全に利用するためには注意しておくべきこともあります。

WordPressを利用する上で注意すべきこと

WordPressは、世界中で多くのユーザーが利用しているシステムです。しかし、実際にWordPressで構築されたWebサイトを利用するには、特に運用面とセキュリティ面において、いくつかの注意すべきポイントがあります。

それらを理解しないまま利用を続けていると、WordPressの利便性に振り回されてしまう可能性もあります。

運用面における注意点

Webサイトは公開して終わりではなく、運用し続けていくことに意義があります。WordPressの運用には、特に以下の点について注意が必要です。

デザインや仕様のカスタマイズが難しい

WordPressには、数え切れないほどの無料・有料のテンプレートが提供されています。洗練されたデザインのテーマも多くあり、有料のものは機能面も充実していて、好みのデザインを見つけ出しやすい点が大きな魅力です。

しかしWordPressのテーマを自分自身でカスタマイズするには、HTML・CSS・PHPなどのプログラミング知識が必要となります。 図1 はWordPressのデフォルトテーマとして提供されている「Twenty Twenty-One」のindex.phpです。テーマをカスタマイズする場合は、このようなコードを修正する必要があります。

図1 「Twenty Twenty-One」のindex.php

```php
<?php
get_header(); ?>

<?php if ( is_home() && ! is_front_page() && ! empty(
 single_post_title( '', false ) ) ) : ?>
 <header class="page-header alignwide">
  <h1 class="page-title"><?php single_post_title(); ?></h1>
 </header><!-- .page-header -->
<?php endif; ?>

<?php
if ( have_posts() ) {

 // Load posts loop.
 while ( have_posts() ) {
 the_post();

  get_template_part( 'template-parts/content/content', get_theme_mod( 'display_
  excerpt_or_full_post', 'excerpt' ) );
 }

 // Previous/next page navigation.
 twenty_twenty_one_the_posts_navigation();

} else {

 // If no content, include the "No posts found" template.
 get_template_part( 'template-parts/content/content-none' );

}

get_footer();
```

最適なプラグインを選ばなければいけない

　WordPressを効率的に運用していくにはプラグインの活用も欠かせません。

　ただ、プラグインを追加しすぎると相性の問題で動作が不安定になったり、WordPress本体のバージョンとの互換性がない場合に不具合が発生することがあります。

　さらに、プラグインを増やせば増やすほど、セキュリティ面のリスクが増えていきます。

　Webサイト全体のセキュリティ対策が充実していたとしても、導入しているプラグインの中にセキュリティリスクが潜んでいると、そこを突かれてサイバー攻撃を受けてしまいます。

サイト全体の安全を確保するには、プラグイン一つひとつの品質を把握して運用しなければなりません 図2 。

図2 プラグインの更新時に表示されるアラート

設定のバックアップは管理側で行う

WordPressの運用では、バックアップをすべて運営者側でおこなわなければいけません。

投稿記事については、WordPress側で自動保存やリビジョンの記録をしてくれるので、編集の履歴を後から確認することができます 図3 図4 。しかし、テーマやプラグインのほか、サイトのカスタマイズについては変更履歴や設定の記録が残りません。

サイト内のどの部分をどう変えたのか、変更前はどのような設定だったのか、それらがわからない状態では、データ消失時などに復元ができなくなる可能性があります。そのため、定期的なバックアップをおこなうこともサイト運営者には求められます。

図3 投稿画面にあるリビジョン

図4　差分の表示

マニュアルや電話サポートがない

WordPressは無料で公開されているオープンソースです。そのため、メーカー企業が提供するマニュアルやサポートのたぐいは用意されていません。何かトラブルが発生した場合には、自分で調べて解決する必要があります。

ただ、WordPressを利用しているユーザー数は非常に多いので、コミュニティが活発に活動しています。WordPressを十分に活用するには、それらのコミュニティに自ら参加して、情報交換をしたり、互いに相談したりして、WordPressの理解を深めることをおすすめします。

セキュリティ面における注意点

インターネット上で展開する以上、Webサイトのセキュリティ対策は必須です。WordPressにおいても、以下にあげる対策は最低限実施すべきです。

常に最新のバージョンにアップデートする

WordPressは2021年2月時点で、全世界のWebサイトの40％以上を占めています。多くの人が利用している便利で機能性が高いシステムですが、言い換えればサイバー攻撃の対象にされやすいとなります。そのため、サイト運営者は常にセキュリティ面に対する意識が必要となります。

そこで、特に大切となるのがバージョンアップです。

WordPressでは、1年に数回のメジャーアップデートが実施されています。

細かいマイナーバージョンアップはそれ以上に頻繁に行われています。これらのバージョンアップにはセキュリティ対策も含まれているので、常に最新の状態にすることが重要になります○。

244ページ **Lesson8-03**参照。

なお、これはWordPress本体に限らず、プラグインなども適宜アップデートをおこない、セキュリティ面の脆弱性対策を実施しなければなりません。

基本的に、アップデート自体は無料でおこなえるものがほとんどですが、これらアップデートにともなうプラグインとの互換性チェックなどは人の手でおこなう必要があります。

スパムやハッキングへの対策が必須

WordPressは、利用者数が多いことから、スパムや悪意のあるプログラムによるハッキングの発生率も高くなります。

もし、セキュリティツールを入れないままコメントを開放した場合、国内外から大量のスパムコメントが発生する可能性があります。また、脆弱性対策をおこなわないままWebサイトを長期間放置してしまうと、管理者権限を乗っ取られてしまったり、データを改ざんされたりすることもあります。そしてそれらのWebサイトは犯罪に利用される可能性もあります。

WordPressには、セキュリティを強化するためのプラグインも揃っているので、適切なものを導入して安全なWebサイト運営をおこなうようにしましょう。

たとえば、WordPressには、スパムコメントを自動的に振り分けるプラグイン「Akismet Anti-Spam」がデフォルトでインストール済みとなっています。もし、コメント欄を表示する場合は、まずこのプラグインを有効化してみてください。

> **memo**
> Akismet Anti-Spamを有効化すると、Akismet.com API キーを取得するよう求められます。このキーは個人ブログでは無料で取得できます。なお、企業および商用サイトでは有料サブスクリプションで取得できます。

ローカル環境の構築

WordPressを動かすにはLAMP環境が必須です。ここではWordPressを動かすための準備として、「Local」というアプリケーションを用いたLAMP環境の構築について解説します。

読む 〉 準備 〉 制作 〉 カスタマイズ 〉 運用

ローカル環境の構築

Lesson 2 01 60 min

> **THEME**
> テーマ
>
> ではWordPressのテーマを作成していくにあたり、ご自身のPC上に必要な環境の準備をしていきましょう。WordPressはサーバーサイドで動くので、まずはローカルで動くサーバー環境を構築します。

Localを用いた環境の構築

今回は、サーバー構築に関する知識がなくても、簡単にWordPressのローカル環境を構築できる、「Local（ローカル）」を利用して、ローカル環境を構築してみましょう。

Localをインストール

まずはLocalを の公式サイトからダウンロードしましょう。執筆時の最新バージョンは6.1.1です。ダウンロードするには、右上のDOWNLOADのボタンをクリックします。

> **! POINT**
>
> ローカル環境とは、インターネット上のWebサーバーと同様の環境を自身のPC上で構築した、テスト用の環境を指します。Webサーバーと契約しなくても利用できますが、当然、そのPC以外からアクセスしたり、サイトを表示したりすることはできません。

図1 Local

https://localwp.com/

続いてPCの環境にあわせて、OSをmacOSかWindowsかを選択します 図2 。

図2 環境を選択

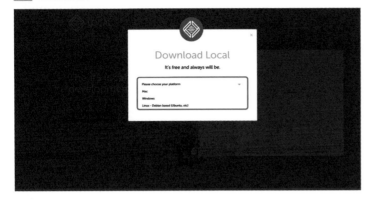

　フォーム欄にEメールアドレスを入力（名前と電話番号の入力は必須ではありません）して「GET IT NOW」ボタンをクリックします 図3 。

図3 メールアドレスを入力して「GET IT NOW」ボタンをクリック

　ダウンロードが始まります 図4 。

図4 ダウンロードが開始

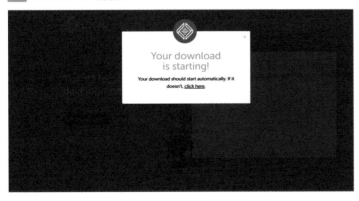

ダウンロードされたファイル（macOSの場合はdmg形式、Windowsの場合はexe形式）をダブルクリックします。macOSの場合LocalのアイコンをドラックでApplicationsのフォルダの中に移動させます。Windowsの場合はインストーラーが起動します。

インストールして立ち上げると図5のような画面になります。チェックボックスをチェックして「I AGREE」をクリックします。

memo

macOSでは、Localのアイコンをダブルクリックすると「インターネットからダウンロードされたアプリケーションです。開いてもよろしいですか？」というアラートが表示されます。

図5 承認画面

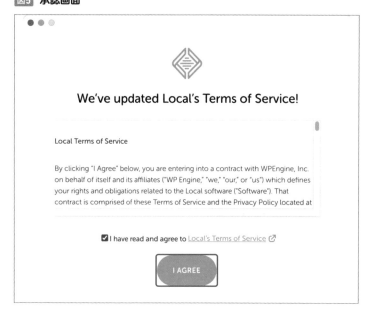

memo

「To help make local〜」というポップアップメッセージが表示されることがあります。これはバグ報告を有効にするかどうかの設定です。「Turn on Error Reporting」をクリックするとバグ報告が有効となります。

図6の画面が表示されるので「CREATE A FREE ACCOUNT」をクリックします。

図6 アカウントの作成

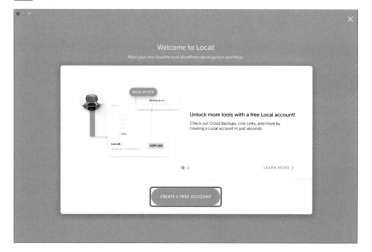

　ブラウザが起動するので、 図7 の画面で必要な情報を入力して
アカウントを作成します。登録したメールアドレスにメールが届
くので「Verify email address」をクリックしてください。

図7　必要情報の入力

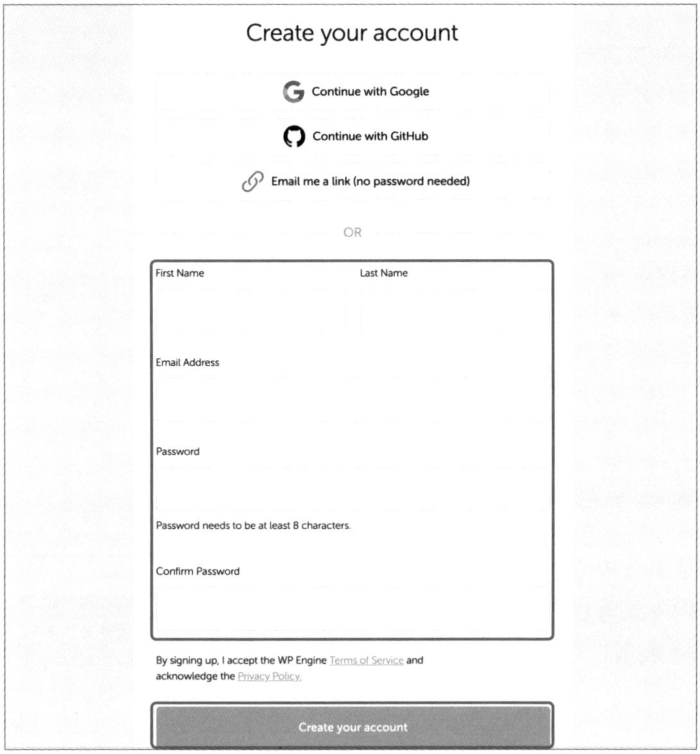

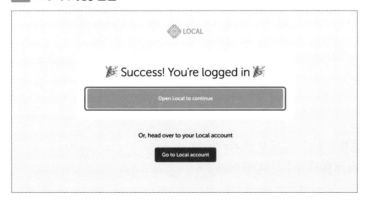

図8 の画面が表示されるので「Open Local to continue」をクリッ
クします。

図8　ログイン完了画面

図9 の画面が表示されます。

では、早速、一つサイトを立ち上げてみましょう。中心にある「+ CREATE A NEW SITE」または、左下にある「+」ボタンをクリックしましょう。

memo

ログインを求められることがありますが、しなくても利用することができます。

図9 Local のホーム画面

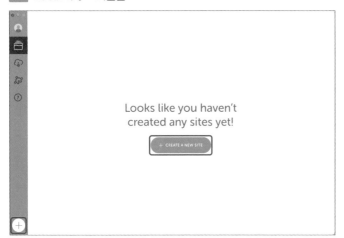

「What's your site's name?」と表示されるので、お好きなサイト名（ここでは「wp-beginner」とします）を入力し、「CONTINUE」をクリックします。名前には半角英数字を利用してください 図10 。

memo

このサイト名は後からWordPressの管理画面でも変更することができます。ただし、Localの管理画面ではこのまま表示されます。

図10 Webサイトの名前を入力

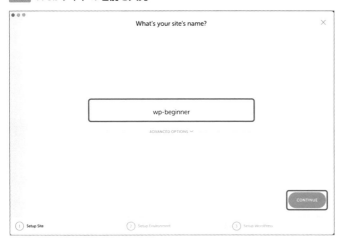

「Choose your environment」と表示されます。ここではデフォルトの推奨環境で構築をする「Preferred」を選択して、「CONTINUE」をクリックします 図11 。

なお、「Custom」を選択すると、PHPやMySQLのバージョンや、Webサーバーの種類の変更ができます。

図11 環境の設定

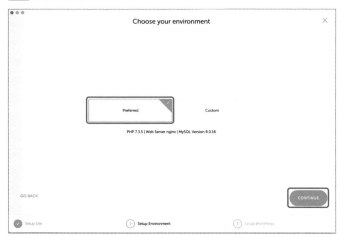

> **memo**
> この場合、中央ボタンの下にある環境（画面では、PHP7.3.5、Web Server nginx、MySQL Version8.0.16）で構築することになります。

「Setup WordPress」という画面になるので、WordPressの管理画面のログイン時に使うユーザー名とパスワードを設定して、メールアドレス（デフォルトで表示されているアドレスのままでも実行できます）を入力し、「ADD SITE」ボタンをクリックします図12。

図12 管理画面のログインユーザー名とパスワードを設定

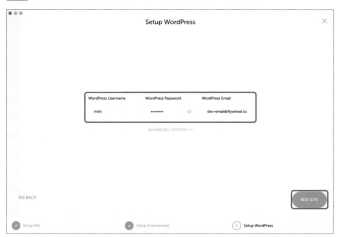

図13 のような表示に切り替わり、WordPressのローカル環境の
構築が完了します。

図13 WordPressのローカル環境が構築

Local上で構築したWordPressサイトを見る

では、ここまでの手順で構築したWebサイトについてみてみましょう。右上にある、「OPEN SITE」をクリックします 図14 。

図14 管理画面で「OPEN SITE」をクリック

インストールされたWordPressのサイトが表示されます 図15 。

図15 WordPressのサイトが表示される

memo
作成したWordPressサイトを削除したい場合は、左にある「Local Sites」で該当するWebサイトを右クリックして「Delete」を選択してください。

　もし、表示されない場合は、Localの画面の一番右上の部分が赤くなって起動しているかどうか確認しましょう 図16 。

　ここまででLocalを使ったWordPressのローカル環境構築は完了です。

図16 Localの動作確認

WordPressのフォルダ・管理画面を開く

　構築したWordPressのフォルダがどこにあるかを確認したい場合は、Localの管理画面 図17 でWebサイトの下にあるURLをクリックするとフォルダ先に飛ぶことができます。

図17 Localの管理画面

　また、右上にある「ADMIN」をクリックすると、WordPressのログインする画面が表示されるので、先ほど決めたユーザー名とパスワードでログインしましょう 図18 。

図18 WordPressのログイン画面

ログインするとWordPressの管理画面が表示されます。

デフォルトでは英語表記になっているのでまずは日本語表記に変更しましょう。左メニューにある「Settings」を選択して「Site Laguage」から「日本語」を選択して一番下にある「Save Changes」をクリックします 図19 。

図19 表示言語を日本語に変更

すると表記が日本語になります 図20 。

図20 表示言語が日本語に変更

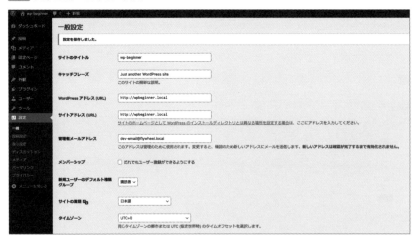

WordPressの基本機能

WordPressが持つ、基本的な機能について簡単に紹介します。特に近年、WordPressが開発に力を注いでいるブロックエディターについて、その特徴と使い方について解説します。

読む ＞ 準備 ＞ 制作 ＞ カスタマイズ ＞ 運用

Lesson 3

01

60 min

WordPressの基本機能

管理画面の構成

WordPressに管理アカウントでログインすると管理画面（ダッシュボード）が表示されます。管理画面は以下の3つのエリアに分かれています 図1 。

図1 WordPressの管理画面

ツールバー

ツールバーは、常に上部に表示され、即座に操作画面に進むためのショートカットのような役割を担います。管理画面では、表示画面へのリンク、各種新規追加の投稿画面へのリンク、ユーザープロフィールページへのリンクなどが表示されます 図2 。

図2　管理画面のツールバー

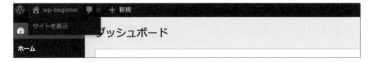

　ツールバーは、表示画面側でもログインしている状態であれば表示されます。たとえば記事ページでは、その記事の編集画面や、テーマのカスタマイズへのリンクなど、現在のページにあわせた編集画面へのリンクが表示されます 図3 。

図3　表示画面のツールバー

メニューエリア

　メニューエリアから各種操作したい項目を選択して、それぞれのページに移動します。各メニュー項目には階層化されたサブメニューがあり、マウスをホバーさせると、それぞれのメニュー横に表示されます 図4 。また、該当のページ（ここでは投稿ページ）を表示している場合はサブメニューが親メニューの下部に表示されます 図5 。

図4　ホバーで表示されるサブメニュー

図5　メニューエリア下に表示されたサブメニュー

投稿ページと固定ページ

管理画面において、コンテンツを入力するのは主に投稿ページ 図6 と固定ページ 図7 になります。それぞれに一覧と新規追加があり、投稿には更に分類として、カテゴリーとタグがあります。

カテゴリーは記事をジャンルごとに分類する際などに使用します。タグは投稿記事内にあるキーワードなどと紐付けてグループ化する際などに使用します。

⚠ POINT

カテゴリーは親子関係の階層構造を持つことができます。また、一つの記事には必ず一つ以上のカテゴリーが必要です。一方、タグは親子関係の階層を持ちません。また、必須なものではありません。

図6 投稿ページ(左上:投稿一覧、右上:新規追加、左下:カテゴリー、右下:タグ)

図7 固定ページ(左:固定ページ一覧、右:新規追加)

投稿と固定ページの使い分け

基本的にどちらもコンテンツを入力して公開するものですが、想定されている用途が異なります 図8 。投稿は主に、ニュースやブログといった時系列で表示して、カテゴリーやタグで分類をおこなうものです。固定ページは、会社概要や、お問い合わせといった、階層順で表示するものに利用します。

図8 投稿ページと固定ページの用途例

デフォルトで提供される機能	投稿	固定ページ
タイトルと本文	○	○
カテゴリー	○	×
タグ	○	×
階層	×	○

外観

　WordPressで構築したWebサイトの見栄えを担当する「テーマ」について新規追加、変更、削除、カスタマイズなどがおこなえます。メニューエリアの「外観」をクリックするとテーマの「新規追加」画面が表示されます。

新規追加

　豊富にあるテーマディレクトリ（約4000）より、テーマの検索とインストールができます。検索結果についてプレビューもおこなえます **図9**。

　テーマを追加する場合は上部にある「新規追加」もしくは末尾にある「新しいテーマを追加」をクリックします。

図9 テーマの追加

カスタマイズ

　テーマがカスタマイザーに対応している場合、様々なカスタマイズをこのページよりおこなえます。また、設定が即座にプレビューされるため、直感的なカスタマイズがおこなえます。

　メニューの設定、ウィジェットの設定、基本情報の設定などが一般的ですが、その他のテーマごとに特徴的なカスタマイズがある場合、カスタマイザーで設定できることが多いようです **図10**。

図10 テーマのカスタマイズ画面

図10 テーマのカスタマイズ画面

　試しに、背景色をTwenty Twenty-Oneのデフォルトである薄緑から白に変更してみましょう**図11**。カスタマイザーは「外観>テーマ>カスタマイズ」で表示されます。

図11 カスタマイザーで背景色を変更

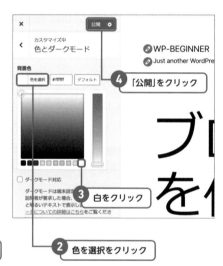

1 「色とダークモード」をクリック

2 色を選択をクリック

3 白をクリック

4 「公開」をクリック

プラグイン

　機能を担当するプラグインについて、新規追加、変更、削除などがおこなえます。メニューエリアの「プラグイン」をクリックすると「インストール済みプラグイン」の操作画面が表示されます。

新規追加

　テーマ同様に豊富にあるプラグインディレクトリ（約58000以上）より、プラグインの検索とインストールができます**図12**。該当するプラグインの「今すぐインストール」をクリックすると、プラグインがインストールされます。

図12 新規追加

有効化

プラグインを利用するには、インストール後に「有効化」する必要があります。プラグインの有効化は「新規追加」の画面でインストール後に表示される「有効化」ボタンをクリックします。

複数のプラグインを利用する場合、「インストール済みプラグイン」画面から、操作したいプラグインにチェックを付け、上部のプルダウンから「有効化」を選択して、「適用」ボタンをクリックすると、チェックを付けたものすべてが有効化されます 図13 。

図13 プラグインの有効化（左：新規追加画面、右：インストール済みプラグイン）

「インストール済みプラグイン」画面では、有効化や停止の他に「更新（最新バージョンへのアップデート）」が選択できます。なお、「自動更新を有効化」しておくと、プラグインが常に最新の状態に更新されます。

設定

基本の設定を行います。メニューエリアの「設定」をクリックすると「一般」設定の画面が表示されます。

一般

サイト名およびキャッチフレーズなどを入力します 図14 。サイト名はタイトルタグとして利用されるケースが多く、SEOにも関わってくるので、適切な内容を入力しましょう。

> **memo**
> 使用しているプラグインによっては、有効化したタイミングで「設定」の下に、サブメニューとしてプラグインの設定が追加される場合があります。

日付の表示形式もこちらで設定します。

図14 一般

パーマリンク

　投稿などのURLのルールを設定します 図15。例えば、「投稿名」（/%postname%/）を設定した場合、URLスラッグ（URLの末尾）が「hello-world」であれば「https://exsample.com/hello-world/」となります。

　本来は「投稿名」を利用するのが望ましいですが、スラッグは投稿タイトルから生成されるため、日本語記事の場合、記事ごとにタイトルを英語に置き換えてスラッグを再設定する作業が発生します。面倒な場合は、「数字ベース（/archives/%post_id%）」等がよいでしょう。

> **！ POINT**
>
> 「カスタム構造」で「日付と投稿名」の投稿名部分の末尾を変えて、「/%year%/%monthnum%/%day%/%post_id%/」などとアレンジするのもオススメです。

図15 パーマリンク設定

その他の機能

　WordPressには他にも多彩な機能があります。本書では頻繁に使用する最低限の機能について解説をしていますが、メニューエリアにあるその他の機能について、次で簡単に紹介します。

コメント

Webサイトに訪れたユーザーからのコメントを管理します 図16 。

図16 コメント

ユーザー

このWebサイトにログインできるユーザーの人数や権限を管理
します 図17 。

図17 ユーザー

ツール

データのエクスポートやインポート、移行用ツールのインス
トールなどをおこないます 図18 。

図18 ツール>インポート

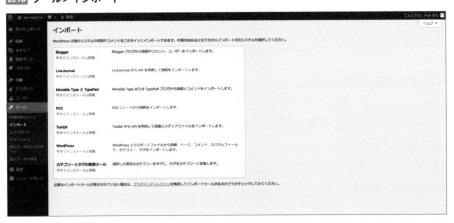

WordPressの基本操作

THEME テーマ　ここでは、WordPress の記事の書き方や基本的な操作について解説していきます。特に注目すべき点はWordPressのブロックエディターである「Gutenberg」の使い方です。

「Gutenberg」とは

WordPress5.0以降、投稿や固定ページの作成・編集に使われるエディターが「Gutenberg（グーテンベルク）」という新しいものになりました。

このエディターは、「ブロックエディター」と呼ばれます。「見出し」「文章」「画像」といったそれぞれの要素を「ブロック」として管理し、それを組み合わせてページの編集をおこないます。

ブロックは様々なものがデフォルトで用意されており、それぞれを組み合わせたり、並べ替えたりが自由におこなえます。実際のサイトの見た目に近いかたちで編集ができるため、知識がまだ少ない方でも比較的簡単にページを作成できます。

> **WORD ▶ Gutenberg**
>
> WordPress 5.0から採用されたWordPressの新しいエディター。活版印刷の発明家である「Johannes Gutenberg」が由来。

投稿記事の書き方

ブロックエディターでの記事の書き方、公開までの簡単な流れを見ていきます。

新規投稿を作成する

まず新規投稿について基本機能を解説します。

管理画面左のメニューエリアより「投稿＞新規追加」を選ぶか、上部にあるツールバーの「＋新規＞投稿」を選ぶ と、新しい投稿を作成する画面に切り替わります 図2。

投稿画面に表示されている「タイトルを追加」をクリックすると、ページのタイトルを入力できます。

タイトルの下にあるエリアが本文入力画面です。デフォルトでは段落ブロックが一つ表示されています。

　ここから様々なブロックを使って、Webサイトのレイアウトを
作り上げていきます。

図1 新規投稿

図2 投稿画面

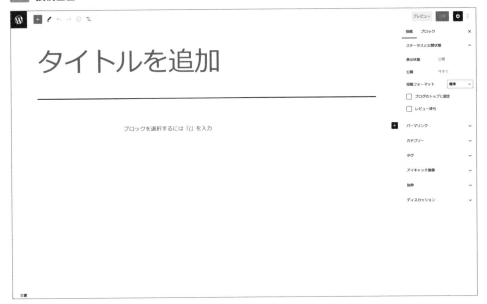

カテゴリー・パーマリンク・アイキャッチの設定

　投稿画面の右側にはサイドメニューがあります 図3 。もし見え
ない場合は、画面右上の歯車マークをクリックして切り替えます。

図3 投稿画面のサイドバー

サイドメニューではページ全体のURLやカテゴリー、アイキャッチなどを設定できます。また、現在選択しているブロックがある場合、ブロックごとの追加設定も表示されます。

例えば、記事にカテゴリーをつけたいときには、上部タブにある「投稿」をクリックし、「カテゴリー」を選びましょう 図4。

図4 上部タブから「投稿>カテゴリー」を選択

「パーマリンク」では、固定ページやパーマリンク設定に投稿名「/%postname%/」を含んでいる場合、記事ごとのスラッグ（URL）が設定できます 図5。

図5 パーマリンクの設定

「アイキャッチ画像」では、投稿のアイキャッチ画像を選択できます。

「アイキャッチ画像>アイキャッチ画像を設定」のグレー部分をクリックすると、メディアの画面が開きます。ここから画像をアップロードしたり、すでにアップロードされた画像の中からアイキャッチを選ぶことができます 図6。

> **memo**
> アイキャッチの機能はWordPressに搭載されている標準機能ですが、機能をオフにしている場合は表示されません。詳しくはP103をご覧ください。

図6 アイキャッチ画像の設定

記事のプレビューを行う

　エディター上部、右側の「プレビュー」では、エディター画面上での見た目の切り替え（デスクトップ / タブレット / モバイル）と、「新しいタブでプレビュー」からブラウザ上でのプレビューが可能です 図7 。

図7 記事のプレビューを表示

下書きを保存する

　記事を途中で保存するときは 図7 の上部に表示されている「下書き保存」をクリックしましょう。

　なお、公開後には「下書きへ切り替え」に変化しています 図8 。これは記事を下書きへ戻す際に使用します。下書き状態の記事は、WordPressにログインしていないと見ることができません。

図8 下書きへ切り替え

> **memo**
> プレビューは投稿画面に何も入力されていない状態では利用できません。

公開する

記事を書き終えたら「公開」ボタンをクリックします。公開前チェックが表示され、もう一度「公開」をクリックすると記事が公開されます 図9 。

図9 「公開」ボタンをクリックして公開

なお、公開の状態については以下を参考にしてください。

- 公開：すべての人に公開
- 非公開：サイトの管理者、編集者のみ確認可。ログインをしていない閲覧者には非表示
- パスワード公開：パスワードを設定して公開。ページにはパスワード入力フォームが表示され、閲覧者は、パスワードを入力してページを閲覧

予約投稿を行う

公開日時はデフォルトで「今すぐ」となっています。記事の公開日時を現在よりも未来の日付に設定すると、「予約投稿」として公開できます 図10 。

図10 予約投稿の設定

<memo>
memo

公開前チェックが不要の場合は、サイドバー下部の「公開前チェックを常に表示する。」のチェックを外しましょう。
</memo>

ブロックエディターの使い方

　ブロックエディターでは、まるで積み木を組み合わせるように様々なブロックのパーツを組み合わせてページを作成します。ブロックの操作や主要なブロック、オプションについて見ていきましょう。

ブロックの追加

　新規ブロックを追加するには、色々な方法があります。

- ●「ブロックを選択するには「/」を入力」と書いてある部分で「/（半角）」を入力 図11
- ●行末、行間などにある「+」ボタンをクリック 図12
- ●エディター画面左上の「+」をクリック 図13

図11 半角スラッシュを入力

図12 行末の「+」をクリック

図13 左上の「+」をクリック

図11 ～ 図13 では、検索窓に「/●●」と言葉を入力すると候補を絞りこめます。日本語でも英語でもOKです 図14 。

図14 「/画像」と入力すると「画像」ブロックが表示

段落ブロック（テキスト）

タイトル下にある、「ブロックを選択するには「/」を入力」と書いてある部分は、段落ブロックです。新しく投稿ページや固定ページを作成したとき、必ず一つ表示されています。ここに文字を入力することができます。

「Enter」を押すと、段落ブロックの下に新しく段落ブロックが表示されます。段落ブロック内で改行したいときは「Shift+Enter」を押しましょう 図15 。

図15 段落ブロック

| ブロックを選択するには「/」を入力 | + |

見出しブロック（テキスト）

「見出し」ブロックは、H1～H6までの見出しレベルを設定できます 図16 。通常、記事のタイトルがH1として設定されるので、見出しブロックのデフォルトはH2となっています。

図16 見出しブロック

見出し

> **memo**
> Markdown 記法を用い、見出しレベルの数に応じた「# ＋半角スペース」を入力すると、段落ブロックを見出しブロックに変換できます。
> 例
> ## ＋ 半角スペース → H2 見出しブロック
> ### ＋ 半角スペース → H3 見出しブロック
> /＋ブロック名とあわせて使うことで、記事の執筆をスピードアップできます。

画像ブロック（メディア）

　画像ブロックを呼び出して、「アップロード」をクリックするか、ブロックエリア内に画像をドラッグ＆ドロップすると、メディアに画像ファイルがアップロードされ、記事内に挿入されます 図17。また、あらかじめアップロードしておいたメディアファイルを、メディアライブラリから呼び出すこともできます。

　画像の整列や全幅の指定はここからおこなえます 図18。

　また、右サイドメニューからは、Altテキスト、画像サイズや寸法を設定できます 図19。

図17 画像ブロック

図18 画像ブロックの整列

図19 画像情報の入力

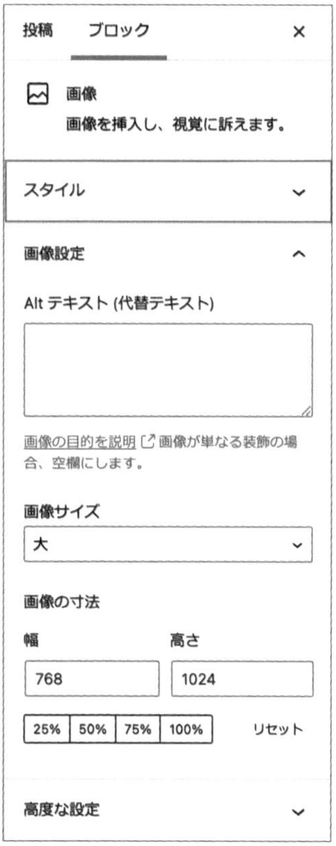

カバーブロック

図20のAマークをクリックすると、その画像を背景にして、文字など別のブロックを重ねることができる「カバーブロック」となります。

memo

Altテキストの入力欄、および「カバーブロック」の項目は画像挿入後に表示されます。

図20 クリックでカバーブロックへと変化

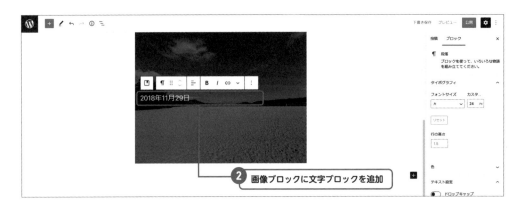

幅広/全幅について

テーマが対応していれば、「画像」「カバー」「埋め込み」などの一部のブロックで、コンテンツ幅を超える「幅広」や「全幅」スタイルを選択できます。

134ページ **Lesson5-04**参照。

ブロックごとの操作

ブロックをクリックすると上部にメニューが表示されます図21。表示される機能はブロックにより様々です。では、簡単に解説しましょう。

図21 メニューの概要

1	選択されているブロックの種類
2	移動メニュー
3	左右の位置や幅の指定
4	ブロック固有のメニュー
5	オプションメニュー（コピーや複製、再利用ブロックの操作）

ブロックの入れ替え（❷移動メニュー）

　ブロック上部にあるメニューの「上下の矢印」をクリックするか「6つの点のマーク」をドラッグ＆ドロップすると、ブロックの並び順を簡単に入れ替えることができます。

コピー・複製・削除（❺オプションメニュー）

　ブロック上部メニュー、一番右のオプションからブロックのコピー・複製や削除がおこなえます 図22 。

図22 コピー・複製・削除

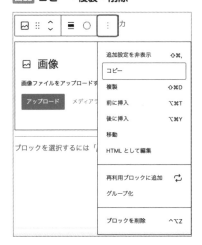

追加設定（❺オプションメニュー）

　右上の歯車ボタンを押すか、 図22 にある「オプションメニュー」から「追加設定の表示」を選択すると、右側にサイドメニューが表示されます。サイドメニューには今選択しているブロックに応じた追加設定が表示されています 図23 。

図23 ブロックに関するサイドメニュー

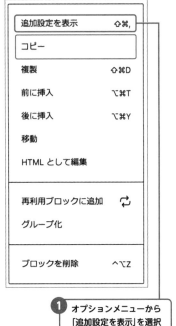
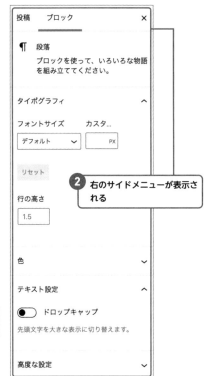

ブロックのネスト（入れ子）

　一部のブロックについては、あるブロックの中に別のブロックが配置されています。この状態をネストと呼びます。

　例えばカバーブロックであれば、「画像」ブロックの中に「段落」ブロックが配置されています 図24 。

図24 画像ブロックの中に段落ブロックがネストになっている

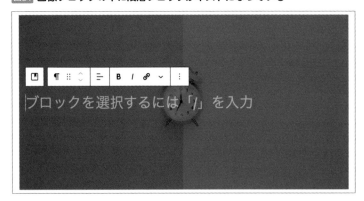

　ネストの例としては「メディアとテキスト」もあります。このブロックは画像（メディア）ブロックの中に段落（テキスト）ブロックが配置されています。デフォルトでは、左に画像ブロックが、右に段落ブロックがレイアウトされています図25。画像と段落の並び順は、ブロックを選択したときに上部に出てくるメニューから入れ替えることもできます図26。

図25 メディアとテキストブロック（デフォルト）

図26 位置の入れ替え

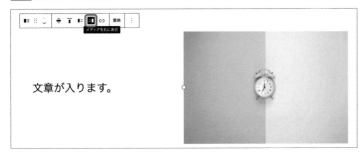

　「メディアとテキスト」ブロックの「段落ブロック」は、別のブロックに変更できます。段落ブロックを選択したときに上部に表示されるメニューの段落マークをクリックすると、変更できるブロックの一覧が出ます図27。ここでは「見出し」を選択します。

図27 ブロックの変更

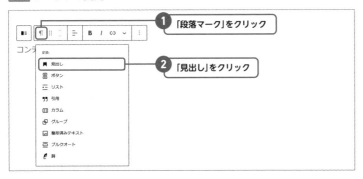

「見出し」を選択すると、先ほどの段落ブロックが見出しブロックに変わります 図28 。

見出しの下にある「+」マークをクリックすると新しくブロックを追加できます。

図28 ブロックを見出しに変更

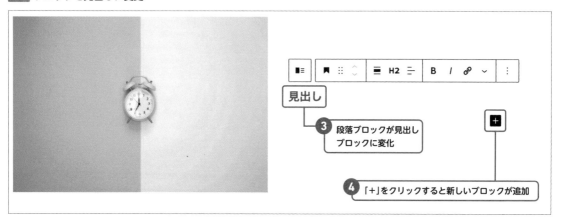

グループブロック

グループブロックやカラムブロックを使うと、自分でネスト構造を作ることができます。

グループブロックは、複数のブロックを1つにまとめてグループ化したブロックです。「見出し」「画像」「段落」のように、それぞれ別々のブロックをShiftキーを押しながらクリックして同時に選択します 図29 。その後、メニューから「グループ」を選択します。

図29 グループブロック

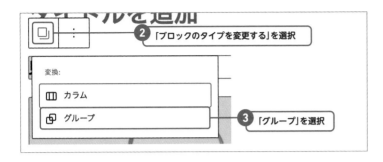

グループ化するとサイドメニューからグループ全体で背景色を設定したり、「幅広」「全幅」のレイアウトを指定することができるようになります 図30 。

図30 背景色と全幅を設定した例

memo

グループブロックを選択した際に表示される「+」をクリックすると、中にブロックを追加することもできます。

memo

グループ化を行うと、ページ上のソースコードではグループ全体を囲うdiv要素が設定されています。

カラムブロック

　カラムブロックは、ブロックを横並びで表示できるブロックです。カラムは最大6つまで設定でき、それぞれの幅の比率も細かく設定することができます 図31。カラムブロックを追加した時、カラム数や比率の異なるいくつかのテンプレートから選ぶことが可能です。これもネストの一種です。

図31 カラムブロック

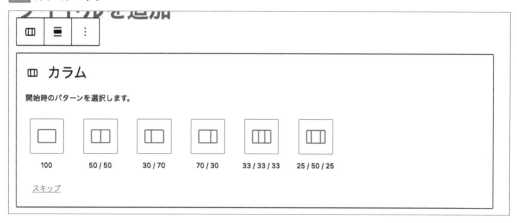

　また、画像・段落ブロックなどをそれぞれのカラムごとに設定することができます 図32。

図32 カラムごとに設定

　ブロックをネスト（入れ子）にできる特徴を利用して、「画像の横に見出しと段落を配置する」といったレイアウトを簡単に作成できます 図33。

図33 ブロックのネストでレイアウト

再利用ブロック

　どのページでも共通して同じものを使いたい、といった場合に便利なのが「再利用ブロック」です。任意のブロックを選択したのち、オプションから「再利用ブロックに追加」をクリックすると、名前をつけて登録することができます **図34**。呼び出したいときは、ブロック一覧の「再利用可能」から呼び出して使います。

図34 再利用ブロックに追加

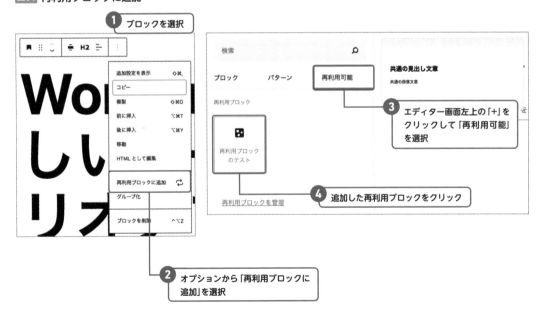

再利用ブロックをそのまま編集すると、サイト内のすべての再利用ブロックの内容が変更されます。サイト内で同じ内容を複数の場所で表示したい場合、共通パーツとして再利用ブロックを利用すると便利です。

　他の部分に影響を与えずにブロックを変更したい場合は、呼び出した再利用ブロックを選択して表示メニューから「通常のブロックに変換」を選択します。これを利用して、雛形としての再利用ブロックを作成することもできます 図35 。

> **memo**
> 呼び出した直後は❶と❷の手順をふまなくても❸のメニューが表示されています。

図35 通常ブロックに変換

ブロックパターン

　ブロックパターンとは、WordPress5.5から追加された機能です。あらかじめ登録された美しいブロックレイアウトを利用することができます。再利用ブロックの「雛形」的な使い方と似ています。自分でパターンを登録するにはPHPを用いたカスタマイズが必要ですが、プラグインを利用すると管理画面から追加できるようになります 図36 。

> **memo**
> ブロックパターンを追加する代表的なプラグインとしては以下があります。
>
> Custom Block Patterns
> https://ja.wordpress.org/plugins/custom-block-patterns/

ブロックナビゲーション・ブロックパンくず

　ブロックエディターを使って複雑なレイアウトを作成している
とき、「ネストの中のブロック設定をカスタマイズしたいが選択
しにくい」「ネスト構造がどうなっているかわからなくなった」と
いったことが起こります。そのような場合には画面上部の「リス
ト表示」をクリックしてみましょう。ブロックがどのような構造
になっているかがひと目でわかるほか、目的のブロックをリスト
上から選択することができます。

　また、選択ブロックの画面下部には、ブロックの現在位置を表
示したパンくずリストがあります。「親」を手軽に選択する時に便
利です 図37 。

図36 ブロック「パターン」　　**図37** リスト表示/パンくずリスト

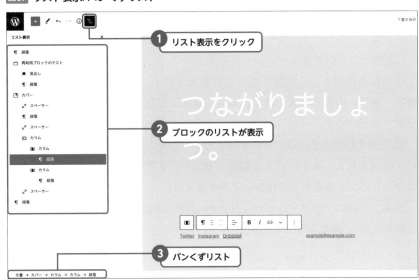

　ここまで、WordPressの操作方法について、主にブロックエディ
ターを中心に解説してきました。なお、本書で紹介しているもの
はWordPressが持つ機能の一部に過ぎません。また、WordPress
は頻繁にバージョンアップされており、そのつど新しい機能が追
加されています。

　本書で紹介しきれなかった機能、または本書執筆以降に追加さ
れた機能については、公式サイトなどを参考にしてください。

Lesson 3
03

WordPressの
プラグインとテーマ

THEME テーマ WordPress に機能を追加する「プラグイン」、そして外観を彩る「テーマ」それぞれについて学びましょう。

プラグインについて

WordPressの主要機能（コア）は、シンプルで必要最低限のものにとどまっており、ユーザーが必要に応じて機能を拡張できるように設計されています。

その拡張機能として追加されるものをプラグインと呼びます。現在、世界中の多くの開発者によって、多種多様なプラグインが提供されています。

2021年8月時点で、58,000件を超えるプラグインが公式サイトにて公開されています。「こんな機能がほしい」と思ったら、まずはプラグインが存在するか検索してみましょう。

なお、公式のプラグインはWordPress管理画面の「プラグイン＞新規追加」で確認できます 図1 。

図1 WordPressのプラグイン追加画面

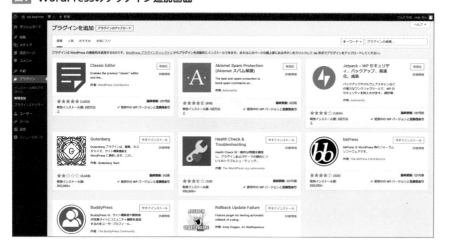

プラグインのインストールと有効化

プラグインを探す際は、管理画面の「新規追加」画面から検索フォームにプラグイン名、もしくは機能名を入力すると一覧で表示されます 図2 。

memo

プラグインをインストールするには、ここで紹介している以外にも、以下の2つの方法があります。

・FTPなどを使って、直接/wp-content/plugins/にアップロードする
・管理画面のプラグインページから、「プラグインのアップロード」ボタンを押し、zipファイルをアップロードする

図2 プラグインを検索

表示されたプラグインの右上には「今すぐインストール」というボタンがあります。ここをクリックするとインストールが始まります。

インストールが終わると、このボタンが「有効化」に変わります。プラグインは有効化しないと機能を使えないので、有効化を忘れずにおこなってください 図3 。

それでは、「Show Current Template」「Query Monitor」の2つを実際にインストールしてみましょう。

POINT

「プラグイン>インストール済みプラグイン」の画面からも有効化・無効化がおこなえます。一括操作、アップデートや削除もここからおこないます。

図3 プラグインの有効化

1 「今すぐインストール」をクリック

2 インストール後「有効化」をクリック

Show Current Template

　WordPressのカスタマイズをはじめて、間もない頃によく立ちはだかる問題の一つに、「このページの表示を変更するために、どのファイルを変更すればよいのかわからない」ということがあるでしょう。

　「Show Current Template」をインストールして有効化をすると、サイト上部のツールバーに、現在閲覧中のページを表示するために使っているテンプレートファイル（ページを表示するためのHTMLやPHPが記述されたもの）がわかるようになります 図4 。

図4 ツールバーにPHPファイル名が表示

　また、テンプレート名の部分にマウスカーソルを持っていくと、そのテンプレートのあるフォルダの場所や、そのほかに読み込みされているテンプレートなども確認することができます 図5 。

図5 テンプレートの詳細が表示

Query Monitor

　現在のサイトの様々な情報を一括で表示するプラグインです。例えば、今見ているページがどれくらいの処理をおこなっているかといった情報から、PHP/データベース/WordPress/サーバーのバージョンなどの情報を一覧で確認できたりします。

　「Query Monitor」を有効化すると、ツールバーに 図6 のような表示が出ます。

図6 ツールバーの表示

　このページを表示するためにかかった時間やメモリの使用量などが表示されています。ここへマウスカーソルを持っていくと、さらに多くの情報やリンクが表示されます。各情報をクリックすると、画面の下部に詳細な情報が出てきます 図7 。

図7 詳細情報の表示

テーマを利用する

　WordPress でできているサイトの「デザイン」「レイアウト」といった見た目の部分を受け持っているのが「テーマ」です。テーマはさらにファイルのまとまりにわかれて管理されています。WordPressでは、投稿の内容はデータベースで管理されているので、テーマを切り替えても記事の内容が失われることはありません。

　プラグインと同じく、テーマも豊富に用意されています。2021年現在、およそ8,500個ほどの無料テーマが公式ディレクトリに公開されており、自由に試すことができます。無料テーマのほかにも、個人や企業が販売をおこなっている有料テーマもあります。

なお、インストールされているテーマはWordPress管理画面の
「外観」から確認できます 図8 。

図8 外観（テーマ）

テーマのインストールと有効化

　テーマもプラグインと同様にインストールと有効化が必要で
す。まず、管理画面左のメニューエリアより「外観」を選択して「新
規追加」をクリックします 図9 。

memo
テーマに更新がある場合、それぞれの
テーマの上部にアラートが表示されま
す。

図9 テーマの新規追加

　なお、検索フォームにテーマ名を入力するか、「人気」「最新」と
いったタブをクリックすることで、さまざまなテーマが一覧で表
示されます。テーマにマウスカーソルを重ねると、「インストール」
「プレビュー」のボタンが表示されます 図10 。プレビューをクリッ
クすると、テーマの詳細な雰囲気が確認できます。

図10 マウスホバーで「プレビュー」ボタンが表示

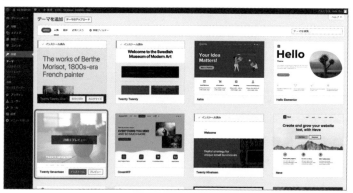

インストールしたいテーマが見つかったら「インストール」をクリックしましょう。インストールが終わるとそれぞれのボタンは「有効化」「ライブプレビュー」に変わります。ライブプレビューは現在の自分のWebサイトの内容がテーマに反映された状態でのプレビューです。有効化をクリックするとそのままテーマが切り替わります。管理画面の左メニューにある「カスタマイズ」をクリックするとカスタマイザー 図11 が表示されます。

図11 カスタマイザー

テーマによる設定の差異

多くのテーマでは、管理画面から手軽に、そして直感的にテーマのカスタマイズができる「カスタマイザー」が利用できます。カスタマイズできる項目は、サイトの基本情報や、メニュー・ウィジェットの設定、外観の編集といった基本的なものから、テーマごとに設定された特徴的なカスタマイズもあります。そのため、設定可能な項目はテーマによって異なります。

ここでは、公式テーマである「Twenty Twenty-One」を例に、多くのテーマで利用可能な基本的なカスタマイズ項目の一例をご紹介します。

サイト基本情報

サイトタイトル、キャッチフレーズや、サイトアイコン（favicon）の設定ができる項目です 図12 。

図12 サイト基本情報

メニュー

管理画面にある「外観＞メニュー」と同様の設定が、カスタマイザーからも可能です。

メニューの新規作成から、項目の追加・削除といった管理、今使用しているテーマで規定されている表示位置の設定などができます 図13 。

ウィジェット

テーマごとに設定されているウィジェットエリアの編集ができます。管理画面にある「外観＞ウィジェット」と基本的に同様の編集ができますが、カスタマイザーにおいては、現在編集可能なウィジェットエリアについての設定しかできないことに注意してください 図14 。

ホームページ設定

「設定＞表示設定」内の「ホームページの表示」と同様の設定ができます 図15 。

追加CSS

テーマファイルを編集することなく、カスタマイザーからCSSを編集できます。

カスタマイザーの「リアルタイムでプレビューしながら編集ができる」という利点を生かして、「修正を素早く簡易におこないたい」といったシチュエーションで活用できる機能です 図16 。

図13 メニュー

図14 ウィジェット

図15 ホームページ設定

図16 追加CSS

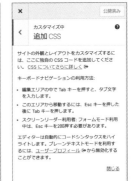

Twenty Twenty-Oneのカスタマイズ項目

　ここで紹介した基本項目以外では、「Twenty Twenty-One」特有のカスタマイズ項目としては以下があります。

- 色とダークモード：サイト共通の背景色と、サイトをダークモードに対応するかどうかを選べます **図17**
- 背景画像：サイトの背景画像を設定できます **図18**

図17 ダークモード

図18 背景画像

Twenty Twentyのカスタマイズ項目

　公式テーマである「Twenty Twenty」特有のカスタマイズ項目としては以下があります **図19**。

- 色：背景色に加え、ヘッダー・フッターの背景色、またメインカラーも設定できます
- テーマオプション：ヘッダーに検索を表示するか、作成者名を表示するかの設定ができます
- カバーテンプレート：「Twenty Twenty」には、「カバーテンプレート」という、全幅のアイキャッチ画像上にタイトルを表記するページテンプレートがあります。このテンプレートのアイキャッチをどう装飾するかという設定がおこなえます

図19 Twenty Twentyのカスタマイズ項目

カスタマイザーを利用するメリット

編集内容が実際の画面にリアルタイムで反映されるため、実際の画面をプレビューしながら、直感的に外観などの編集をおこなえるのが利点です。

また、記事と同様に「下書き保存」や「予約公開」ができるため、「公開前に別の管理者に確認してもらう」「日付を指定して編集をおこなう」といった使い方ができます。

カスタマイザーの基本的な操作

カスタマイザーの基本的な使い方についても触れておきます。管理画面左側のメニューエリア「外観＞カスタマイズ」と進むか、ツールバー上部の「カスタマイズ」を選択することで、テーマのカスタマイザーが起動します。

左側のメニューから、設定したい項目を選択し、編集をおこないます。編集中には、編集した内容がリアルタイムで画面に反映されるので、画面を確認しながら進めていきましょう。

編集が完了したら「公開」ボタンをクリックすることで、実際のサイトに編集内容を反映できます。

逆に、反映したくない場合は公開せずに戻ることで編集内容を破棄できます。

ここでは、プラグインとテーマについて簡単に解説しました。

Lesson4以降では、オリジナルのテーマを利用しながら、実際にWebサイトの制作をおこなっていきます。

テーマ制作の基礎知識

ここでは、ダウンロードデータを参考にしながら、実際にWordPressのテーマを作成する手順について解説します。テーマの基本を把握しておけば、その後のカスタマイズがおこないやすくなります。

読む ＞ 準備 ＞ 制作 ＞ カスタマイズ ＞ 運用

テーマの最小構成

THEME テーマ

ここからはWordPressの外観を形成するテーマを作成していきます。なお、テーマの作成にはPHPの知識が必須ですが、本書では言及しないので、専門書籍などを参考にしてください。

テーマファイルの配置

WordPressでは、「wp-content/themes/」の中にフォルダが配置され、その中にindex.phpとstyle.cssが入っていればテーマとして認識されます。

今回のテーマ名は「Book Be WP Pro」とします。まずは「book-be-wp-pro」と名付けたフォルダを「wp-content/themes/」に配置し、その中にindex.phpとstyle.cssと名前を付けたファイルを入れましょう。なお、この時点では内容のない空の状態で結構です 図1。

> **memo**
> 今回は「Local」を使用しているので、P35にある方法でWebサイトのフォルダ（本書の場合は「wpbeginner」）を開き、その後「app＞public＞wp-content＞themes」と進みます。

図1 ファイルの保存場所

.htaccess	▶ ewww	book-be-wp-pro	index.php
index.php	index.php	index.php	style.css
license.txt	languages ＞	twentynineteen ＞	
readme.html	plugins ＞	twentyseventeen ＞	
wp-activate.php	themes ＞	twentytwenty ＞	
wp-admin ＞	upgrade ＞	twentytwentyone ＞	
wp-blog-header.php	uploads ＞		
wp-comm...-post.php			
wp-config...ample.php			
wp-config.php			
wp-content ＞			
wp-cron.php			
wp-includes ＞			
wp-links-opml.php			
wp-load.php			
wp-login.php			
wp-mail.php			
wp-settings.php			

style.cssにコメントを記述

style.cssには最初にコメントを書き入れます。WordPressのテーマでは、style.cssに書かれた特定のコメントをテーマのための情報として扱う機能があります 図2。

図2 style.cssにコメントを記載

```
@charset "UTF-8";
/*
Theme Name: Book Be WP Pro
Version: 1.0.0
Author: mgn.INC
Author URI: https://www.m-g-n.me
License: GNU General Public License v2 or later
License URI: http://www.gnu.org/licenses/gpl-2.0.html
*/
```

> **memo**
> AuthorおよびAutor URIはご自身の手で任意のものに書き換えましょう。記述がなくても問題ありません。

「book-be-wp-pro」を有効化

WordPressの管理画面から「外観」を選択してみましょう。すると 図3 のように表示されます。マウスホバーで表示される「テーマの詳細」をクリックすると、style.cssに記述した内容が表示されます 図4 。

図3 追加したテーマが登録される

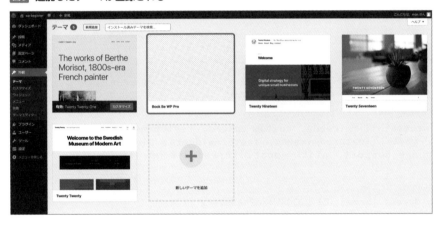

図4 style.cssのコメントが表示

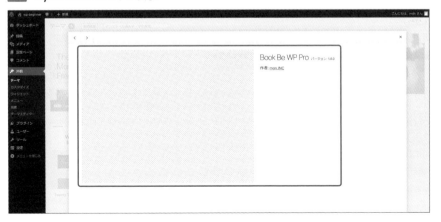

なお、デフォルトテーマと呼ばれる Twenty Twenty-One の style.css では 図5 のようなコメントが記述されています。構成は各種コメントの項目名と内容となっています。英語の文章が日本語で表示されるのは翻訳ファイルによる翻訳がおこなわれているためです 図6 。

図5 「Twenty Twenty-One」のstyle.cssに記述されているコメント

```
@charset "UTF-8";

/*
Theme Name: Twenty Twenty-One
Theme URI: https://wordpress.org/themes/twentytwentyone/
Author: the WordPress team
Author URI: https://wordpress.org/
Description: Twenty Twenty-One is a blank canvas for your ideas and it
makes the block editor your best brush. With new block patterns, which
allow you to create a beautiful layout in a matter of seconds, this
theme's soft colors and eye-catching — yet timeless — design will let
your work shine. Take it for a spin! See how Twenty Twenty-One elevates
your portfolio, business website, or personal blog.
Requires at least: 5.3
Tested up to: 5.8
Requires PHP: 5.6
Version: 1.4
License: GNU General Public License v2 or later
License URI: http://www.gnu.org/licenses/gpl-2.0.html
Text Domain: twentytwentyone
Tags: one-column, accessibility-ready, custom-colors, custom-menu,
custom-logo, editor-style, featured-images, footer-widgets, block-
patterns, rtl-language-support, sticky-post, threaded-comments,
translation-ready

Twenty Twenty-One WordPress Theme, (C) 2020 WordPress.org
Twenty Twenty-One is distributed under the terms of the GNU GPL.
*/
```

図6 「Twenty-Twenty-One」におけるコメントの表示

> **memo**
>
> テーマのサムネイル画像を表示したい場合は、screenshot.pngという名前で画像をテーマディレクトリに配置します。推奨サイズは1200px×900pxです。

テーマファイルの配置

　WordPress からテーマとして認識されたら、有効化をおこないます。有効化した時点で、左上にある「サイト名（wp-beginner）＞サイトを表示」で実際の表示を見てみましょう 図7。

　現在は真っ白な状態で表示されます 図8。これは設定したテーマの index.php が表示されており、index.php の中身が空のためです。

図7 テーマを有効化後に「サイトを表示」を選択

図8 index.phpに何も記述していない状態の表示

　確かめるために、index.php に文字列を入力してみましょう。index.php に「hoge」と入力して保存します。そしてブラウザをリロードすると、入力した hoge が表示されます 図9。

図9 index.phpの内容が表示

hoge

　このようにテーマはとてもシンプルです。基本的には「テーマ内のファイルに記述した内容が表示される」ことを覚えておきましょう。

制作のための準備 デバッグモードの有効化

制作に入る前に、WordPressの機能として提供されるデバッグモードを有効化します。デバッグモードを有効化するためには、図10 を wp-config.php 内の 64 行目付近にある「$table_prefix = 'wp_';」の下に追記します。

memo
wp-config.phpは「wpbeginner>app>public」にあります。

図10 wp-config.phpに追記

```
define( 'WP_DEBUG', true );
```

memo
WordPress公式日本語サイト
https://ja.wordpress.org/

なお、本書では「Local」で自動的にダウンロードされたWordPressを使用しています。日本語公式サイトからダウンロードした日本語版WordPressの場合、wp-config.phpには 図11 のような記述があるので、コメントに従ってfalseをtrueに変更します。

図11 日本語版WordPress「wp-config.php」の記述

```
/**
 * 開発者へ： WordPress デバッグモード
 *
 * この値を true にすると、開発中に注意 (notice) を表示します。
 * テーマおよびプラグインの開発者には、その開発環境においてこの WP_DEBUG を使用することを強く推奨します。
 *
 * その他のデバッグに利用できる定数についてはドキュメンテーションをご覧ください。
 *
 * @link https://ja.wordpress.org/support/article/debugging-in-wordpress/
 */
define( 'WP_DEBUG', false ); // こちらを true に変更します。
```

デバッグモードを有効化すると、テーマやプラグインなどを作成中にPHPのエラーが発生すると、画面上にエラーメッセージが表示されます 図12 。

慣れるまではエラー表示を怖く感じるかもしれません。なかなかそのエラーが修正できず、エラー表示を消したくなることもあるかもしれません。しかし、エラーは制作につきもので、エラーは制作を助けてくれるものともいえます。エラーをどんどん出して、それを直しながら、テーマ制作をつづけていきましょう。

! 注意

実際に公開するサイトでは、WordPressのデバッグモードはfalseにしておく必要があります。trueにしてエラーの内容を表示させると、攻撃者に糸口を与えてしまうためです。

図11 デバッグモードのエラー表示

ONE POINT

テーマユニットテストデータ

● テーマユニットテストデータ利用のすすめ

　本書では利用しませんが、汎用的なテーマを開発する際にはテーマユニットテストデータの利用をおすすめします。こちらは、例えば大きすぎる画像が登録された場合や、タイトルがない記事が登録された場合、非常に多くのタグが登録された場合など、さまざまなパターンの記事を一度に登録してくれるデータのセットです。

　テーマユニットテストデータを利用することで、より利用者にとって使いやすく、破綻の少ないテーマ制作ができることでしょう。ぜひ一度試してみてください。

　ダウンロード先や詳しい使い方などは、公式のドキュメントサイトを確認してください。

https://wpdocs.osdn.jp/テーマユニットテスト

Lesson 4

02

独自タグ

THEME
テーマ
ここでは、WordPressが実装している独自タグについて、サイト上部に表示される
ツールバーを、テーマ内に表示する手順を例に解説します。

独自タグとは

本書では、WordPressがあらかじめ設定しているタグを「独自タグ」として紹介していきます。独自タグには大きく以下の3つの種類があります。

- テンプレートタグ：タイトルの出力やクエリ⬀の発行などWordPress内で動的に情報を扱う際に利用するタグ
- 条件分岐タグ：アイキャッチ画像の有無の判定や、現在のページの種類の判定等、主にif文を利用した条件分岐などで利用するタグ
- インクルードタグ：ヘッダーやフッター、サイドバーといった、パーツとなるテンプレートを呼び出すためのタグ

90ページ **Lesson4-04**参照。

ログイン時にツールバーを表示

独自タグを理解するために、まずはツールバー（アドミンバー）を表示してみましょう。ツールバーとはログイン時にサイト上部に表示される、サイトの管理を助ける機能です⬀。

利用する独自タグは以下の2つです。簡単に使い方もご紹介します。

38ページ **Lesson3-01**参照。

- wp_head()：html内の</head>の直前に配置する
- wp_footer()：html内の</body>の直前に配置する

この2つは、テーマを作る上で必須となるテンプレートタグです。それぞれの箇所において、WordPress本体や、テーマ、プラ

グインなどから、JavaScript や CSS などを読み込みます。

　今回は index.php に HTML5 の一般的な雛形を記述し、そこに wp_head と wp_footer を追記します 図1 。

図1 index.phpへの記述

```
<!DOCTYPE html>
<html lang="ja">
<head>
    <meta charset="UTF-8">
    <meta http-equiv="X-UA-Compatible" content="IE=edge">
    <meta name="viewport" content="width=device-width, initial-scale=1.0">
    <title>Document</title>
    <?php wp_head(); ?>
</head>
<body>
    hoge
    <?php wp_footer(); ?>
</body>
</html>
```

　ブラウザからサイトを閲覧すると、ツールバーが表示されます（ログイン時）図2 。

図2 ツールバーが表示

```
🅦  🏠 wp-beginner  🖊 カスタマイズ  💬 0  ＋ 新規  🖊 固定ページを編集  テンプレート: index.php
hoge
```

　ブラウザからソースを確認すると、それぞれの独自タグから、JavaScript と CSS、そしてツールバーのコンテンツなどが出力されているのがわかります。

　WordPress には数多くの独自タグが存在します。これらを使いこなすことが、テーマ制作の上達には必須となります。

　独自タグは公式のドキュメントにて確認できます。なお、最新版は英語となっています。日本語版の関数リファレンスもあります。ただ、「今後積極的な更新は行わない予定」と発表されているので、頻繁に使用する独自タグについては日本語を見る、新しく追加された独自タグについては英語版を見るなど、必要に応じて使い分けましょう。

---

memo

公式ドキュメント「独自タグ」
https://developer.wordpress.org/reference/

日本語版関数リファレンス
https://wpdocs.osdn.jp/関数リファレンス

Lesson 4

03 テンプレート階層

120 min

WordPressは表示するURLごとに、利用するテンプレートファイルが変わります。このテンプレート階層を知ることが、テーマ内のどの箇所で表示がおこなわれているかの理解へとつながります。

テンプレート階層とは

図1 は「WordPress Codex 日本語版」に掲載されている「テンプレート階層」の表です。これは左から右に見ていきます。この表を参考にすれば、テーマ内のどのファイルを利用して表示しているかを判断できます。

図1 テンプレート階層

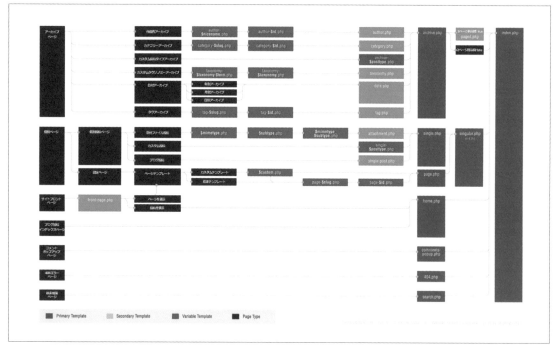

https://wpdocs.osdn.jp/テンプレート階層

　最初に、一番左で現在どのページを表示しているかを選びます。

　例えば、カテゴリーの記事一覧ページを見ている場合、一番左上のアーカイブページが該当します。

　右に進むと6つの分岐があります。今回はカテゴリーの記事一覧なので、カテゴリーアーカイブを選びます。

　そこから右に向かって矢印を順にたどると「category-$slug.php → category-$id.php → category.php → archive.php → 2ページ目（true/false）→ index.php」となります。

　これらはテンプレートが適用される場合のファイルの優先順位です。ページを表示する際に、テンプレート階層の表に従ってテーマ内のテンプレートファイルを探し、最初に見つかったファイルを使用して表示します。

　現在のテーマではindex.phpしかないため、index.phpが表示されます。図1が示すとおり、どのページおいても最終的にindex.phpで表示がされます。

　例えばデフォルトテーマの「Twenty Twenty-One」の場合はテンプレートのphpとして主に以下があります。

- 404.php
- archive.php
- image.php
- index.php
- page.php
- search.php
- single.php

　カテゴリーの記事一覧では、category.phpは存在しませんが、index.phpよりも優先度の高い、archive.phpがあるため、こちらが表示されます。

利用されているテンプレートを確認する

　さて、テンプレート階層の概要を把握したところで、実際の表示においてどのテンプレートが利用されているかを確認してみましょう。今どのテンプレートで表示がされているのかを知るためには、P66でインストールしたプラグインの「Show Current Template」を利用します。

サイトを見てみましょう。ドメイン直下のページに進むと、ツールバーにindex.phpという表記があります。これは、このページを表示するにあたり、index.phpを利用しているということを表しています 図2 。

図2　現在利用しているテンプレート(index.php)

つづいて、管理画面に移動して「投稿＞投稿一覧」より、投稿記事「Hello world!」を表示します 図3 。

図3　投稿記事「Hello world!」を表示

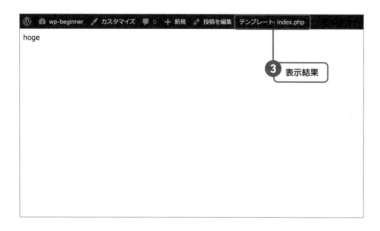

「Hello world!」の表示を選んだはずですが、「Hello world!」の文字は表示されていません。

ツールバーを確認するとindex.phpと表示されています。

図1のテンプレート階層によると、個別の投稿記事は「（個別ポストの場合）single-post.php → single.php → singlur.php → index.php」の順で表示されます。現時点ではテーマフォルダ内にindex.phpしか存在していないため、投稿記事が表示されずテンプレート階層の表で最右にあるindex.phpが利用されています。

次に、index.phpをフォルダ内でコピーして、ファイル名をsingle.phpと変更してみましょう**図4**。

図4 single.phpを作成

再度、Hello world!の個別投稿ページを表示します。そうすると、今度はsingle.phpと表示されました**図5**。

図5 single.phpが表示

![single.phpが表示された画面。ツールバーに「wp-beginner」「カスタマイズ」「0」「新規」「投稿を編集」「テンプレート: single.php」と表示され、本文に「hoge」と表示されている]

memo

現時点では、single.phpの内容はindex.phpのままとなっているので表示内容そのものに変化はありません。

これはテーマ内に、single.phpとindex.phpの2つのテンプレートファイルが存在しており、その中で個別投稿ページを表示する場合の優先度を比べると、index.phpよりもsingle.phpが優先度が高いため、single.phpで表示されたことになります。

このように複数のテンプレートがあった場合に、テンプレート階層上で、優先度の高いテンプレートが利用されます。

ファイルを追加したり、リネームして優先度と表示を試してみましょう。

主なベーステンプレート

テンプレート階層にはテンプレートの種類が多数記述されています。ここでは、テーマを作る際によく利用するベーステンプレートを紹介します。

index.php

テーマを作る上で必須のテンプレートとなります。テンプレート階層において、表示するURLに該当するテンプレートがなかった場合、すべてこのindex.phpで表示されます。

page.php

固定ページを表示する際に利用します。

single.php

固定ページ以外の個別ページを表示する際に利用します。デフォルトでは投稿ですが、任意に追加可能な投稿タイプ◯についても個別ページで利用します。

162ページ **Lesson5-09**参照。

archive.php

一覧ページを表示する際に利用します。カテゴリーやタグ、月別など様々な一覧において利用します。

404.php

URLに該当するコンテンツが見つからない場合（404エラー）に利用します。通常は「何も見つかりませんでした。」などのメッセージを表示します。

front-page.php

WordPressの設定より、「表示設定＞ホームページの表示」において、任意の固定ページをホームページに設定した場合に利用されます。わかりやすく言うと、WebサイトのTOPページとして利用するテンプレートです。

共通パーツの利用

　ここまでテンプレート階層とベーステンプレートの説明をおこないました。今後テーマを開発するにあたり、前述したベーステンプレートを増やしていきます。その際、それぞれのベーステンプレートにおいて共通する箇所が出てきます。具体的には、ヘッダーやフッター、サイドバーなどがあります。

　これら共通箇所を、すべてのベーステンプレートに記述していると、ヘッダーのロゴを変えたい場合など、すべてのベーステンプレートを修正しなければなりません。これはとても非効率であると同時にミスも発生しやすくなります。

　そこで、各ベーステンプレートにおいて共通する箇所は、それぞれパーツとして別のファイルに切り出し、それを各ベーステンプレートから読み込むのが一般的なWordPressのテーマの作り方となっています。

　切り出したパーツのファイルをパーツテンプレートと呼びます。また、パーツテンプレートを呼び出すためにあらかじめWordPressが準備しているタグがインクルードタグ◯となります。

80ページ **Lesson4-02**参照。

　では、ベーステンプレート「index.php」から、ヘッダー（header.php）とフッター（footer.php）を切り出し、インクルードタグで呼び出してみます。

　ここから、いよいよ本格的にコードを記述していきます。

　図6 〜 図9 は、シンプルなWebサイトからヘッダーとフッターを切り出し、index.phpで呼び出しています。また、あわせてsidebar.phpも記述して呼び出しています。

図6 header.php

```
<!DOCTYPE html>
<html lang="ja">
<head>
    <meta charset="UTF-8">
    <meta http-equiv="X-UA-Compatible" content="IE=edge">
    <meta name="viewport" content="width=device-width, initial-scale=1.0">
    <title>Document</title>
    <?php wp_head(); ?>
</head>
<body>
```

図7 index.php

```php
<?php get_header(); ?>
    hoge
<?php get_sidebar(); ?>
<?php get_footer(); ?>
```

図8 sidebar.php

```html
<div class="sidebar">
sidebar
</div>
```

図9 footer.php

```php
    <?php wp_footer(); ?>
</body>
</html>
```

　切り分けたパーツテンプレートを読み込むために以下のインクルードタグを利用しています。

- get_header()：header.phpを読み込む
- get_sidebar()：sidebar.phpを読み込む
- get_footer()：footer.phpを読み込む

　こうすることで、共通パーツを切り出すことができました。ホーム画面を表示すると「Show Current Template」において、ベーステンプレートとそこから読み出されるパーツテンプレートが表示されていることがわかります**図10**。

図10 ホーム画面の表示

これでテンプレート階層についての解説は終了です。次にテーマ制作に欠かせないクエリとループについて解説します。ここで作成した header.php、index.php、sidebar.php、footer.php に追記しながら進めていきますが、single.php についてはいったん削除しておいてください。

ONE POINT　フルサイト編集について

● テーマの作り方の大きな変化が到来

本書ではWordPressのテーマをPHPをメインに制作していますが、今後このテーマの制作手法が大きく変わる可能性があります。これはフルサイト（Full Site）編集と呼ばれる新しい機能の開発が進んでいるためです。

WordPress公式では、フルサイト編集を以下のように紹介しています。

「フルサイト編集」（Full Site Editing、FSEとも）の大きな目標は、投稿やページだけでなくサイト内のあらゆる部分に対する、ブロックの使い慣れた体験と拡張性をもたらす機能の提供です。

参考：フルサイト編集 – Japanese Team – WordPress.org
https://ja.wordpress.org/team/handbook/block-editor/handbook/full-site-editing/

これは、従来のテーマが担当していた部分である、サイト全体のヘッダーやフッター、ナビゲーション、ウィジェット、各種URLごとのテンプレートについても、すべてブロックエディターを利用して設定をするプロジェクトです。

この開発に伴い、WordPress5.8からはウィジェットエリアの操作がブロックエディターでの操作に変わりました（旧来のウィジェットを利用するためにはClassic Widgetプラグインが必要）。

さらに、フルサイト編集の実現に向けて、新しいブロックの提供も始まっています。その中でも「クエリーループブロック」は特徴的なブロックの一つと言えます。

「クエリーループブロック」では、エディター上でサブクエリ（P170）を新たに発行できます。そしてそのクエリからループを利用し、表示したい項目もブロックとして設定できます。

例えば、下の画像にあるような、「最新の投稿順に4件をアイキャッチと日付とタイトルで表示」といったことが簡単に実施できます。

現時点では、本書でお伝えしたテーマの作成方法がWebサイト制作の主流であり、フルサイト編集はまだテスト段階で変更が加えられながら順々にリリースされる可能性が高いので、しばらくは現在のテーマ制作の方法が利用されていくでしょう。

ただ、大きな方向として、フルサイト編集の流れがあり、それに対応したテーマも今後増えていくと、覚えておいてください。

メインクエリとループ

テンプレート階層と同様に、WordPressではURLによって取得できる情報が変わります。URLによって変わるメインクエリを利用して情報を取得し、ループを利用して表示する方法を解説します。

メインクエリとループ

ここでは、メインクエリとループを利用して情報を表示する方法について解説します。まずは、メインクエリとループそれぞれについて簡単に解説します。

メインクエリとは

WordPressにおけるクエリは「データベースに対する情報のリクエスト」を意味します。

P20で解説したように、WordPressではデータベースにリクエストを送信して情報を取得します。

そしてリクエストされたURLを元に、データベースから情報を呼び出します。その呼び出された情報の塊がメインクエリです。

メインクエリはURLを元に呼び出されるので、URLが異なるとメインクエリも異なります。なお、URL以外のものを元にして呼び出された情報の塊（記事タイトル、抜粋情報など）をサブクエリ と呼びます。

> **memo**
> 情報を呼び出す命令をメインクエリと呼ぶこともあります。

➡ 170ページ **Lesson5-11**参照。

ループとは

ループとは、WordPressで情報を表示する際に実行される「繰り返し処理」のことです。

メインクエリによって取得した情報は、基本的にループを利用して表示をおこないます。たとえば投稿記事の一覧を表示する場合、「取得された情報の塊から、1記事ごとに一覧で表示する情報を取り出しその内容を表示する」というループを繰り返します。

メインクエリとループによるコンテンツ表示

メインクエリとループの概念が理解できたら、実際にindex.phpに記述してみて、その表示を確認してみます。

まず、管理画面から「表示設定」をクリックして「ホームページの表示」を「最新の投稿」にしてください 図1。その後、index.phpに 図2 の内容を記述します。

ループの書き方や、ループ内で利用するタグについては後ほど解説します。ここでは実際の表示を確認しながら、メインクエリとループの動作を把握しましょう。

memo

WordPressでは、デフォルトでサンプルの固定ページが用意されています。「表示設定」で「固定ページ」を選択していると、サンプルページが表示されます。

memo

この段階で「book-be-wp-pro」フォルダ内にあるファイルは「index.php、header.php、footer.php、sidebar.php、style.css」です。P85で作成したsingle.phpは削除してください。

図1 表示設定の変更

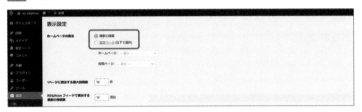

図2 index.php

```php
<?php get_header(); ?>
<?php
if ( have_posts() ) {
    // ループ開始 .
    while ( have_posts() ) {
        the_post();
        ?>
        <article id="post-<?php the_ID(); ?>" <?php post_class(); ?>>
            <header class="entry-header">
                <h1><a href="<?php the_permalink(); ?>"><?php the_title(); ?></a></h1>
            </header>
            <div class="entry-content">
                <?php the_content(); ?>
            </div>
        </article>
        <?php
    }
} else {
    // コンテンツがない場合 .
    echo '<p> コンテンツがありません。</p>';
}
?>
<?php get_sidebar(); ?>
<?php get_footer(); ?>
```

記述が終わったらトップページにアクセスしてみましょう。するとデフォルトの投稿サンプルである「Hello world!」のタイトルと本文が表示されます 図3 。

図3 投稿が表示

WordPressの初期設定では、トップページのメインクエリでは最新の投稿一覧が取得できるようになっています。 図3 では1件しか投稿がないため1件のみの表示ですが、テストの投稿をいくつかおこなうと 図4 のように一覧で表示されます。

memo
ここで表示される投稿の件数は、表示設定の「1ページに表示する最大投稿数」で設定できます。

図4 複数の投稿がある場合

「Hello world!」のリンクをクリックしてみると、今度は一覧ではなく「Hello world!」の記事のみが表示されます 図5 。これは個別投稿のURLにおけるメインクエリでは該当の記事1件のみの情報が取得できるということを指します。

図5 一覧のリンクをクリックして該当記事を表示

このようにメインクエリとループを利用することで、同じテンプレートでも、異なる件数で、異なる内容の情報が表示されます。その違いはURLから生まれていることを理解しましょう。

メインクエリを利用したループの書き方

　前述のindex.phpより、メインクエリを利用したループの部分だけを抜き取ると 図6 のようになります。このなかで利用されているタグなどについて説明します。

図6 **index.php（メインクエリのループ）**

```php
if ( have_posts() ) {————————————————①
    // ループ開始 .
    while ( have_posts() ) {————————————②
        the_post();————————————————③
        ?>
        <!-- ここに表示したい内容を記述 -->
        <?php
    }
    // ループ終了 .
} else {
    // コンテンツがない場合 .
    echo '<p> コンテンツがありません。</p>';————————④
}
```

①まず最初のif文においてhave_posts()関数を利用して、アクセスされたURLにメインクエリを実行した際に投稿が返されるかどうかを確認しています。もし1記事も該当がない場合は、ループはおこなわれず、④にある「コンテンツがありません。」という文字が表示されます。

②つづいて、whileでループを実行します。while(have_posts)とすることで、メインクエリで取得できた情報をループの対象にしています。
この際にトップページやカテゴリーなどの一覧のURLであれば、複数の記事情報が対象になります。個別投稿や固定ページのURLであれば、1件の記事のみが対象になります。

③the_post()関数では、ループのたびにメインクエリの情報より1件をセットし、ループが繰り返すたびに次の1件をセットします。

　この一連の流れにより、メインクエリで取得できた情報をすべて処理するまで、ループが続きます。

ループ内で利用する独自タグ

　今度はループ内のコードのみを抜き取ってみます。ループ内では HTML と PHP を切り替えながら記述を行います 図7。

図7 index.php（ループ内のコード）

```php
<article id="post-<?php the_ID(); ?>" <?php post_class(); ?>>
    <header class="entry-header">
        <h1><a href="<?php the_permalink(); ?>"><?php the_title(); ?></a></h1>
    </header>
    <div class="entry-content">
        <?php the_content(); ?>
    </div>
</article>
```

　ここで利用しているタグについて紹介します。

○ the_ID()
● 該当の記事のIDを表示

○ post_class()
● 記事情報に基づく複数のクラス（class）を表示。投稿ごとにCSS を付与するなどの目的で利用

○ the_permalink()
● 記事のURLを表示

○ the_title()
● 記事のタイトルを表示

○ the_content()
● 本文を表示

　このようにループの中では、メインクエリによって取得できた 情報を利用して様々な表示をおこないます。

■ ループ内をパーツテンプレートとして切り分ける

　今後、ループ内の記述を増やしていくと、index.phpのコードが多くなり見通しが悪くなります。また、ループ内の記述は、個別投稿と固定ページで共通化できそうです。そこで、この部分をパーツテンプレートとして切り分けておきます。

　前述したheader.phpやfooter.phpとは異なり、独自に切り分けるパーツについては、パーツ名を任意に決定します。今回はcontent.phpとします。そして独自に切り分けたパーツはテーマフォルダ内にtemplate-partsというフォルダをつくって、そこに格納します 図8 。

図8　パーツテンプレートのディレクトリ構造

```
/themes/
   └/book-be-wp-pro/
        └/template-parts/
             └/content.php
```

　index.phpで配置したcontent.phpをget_template_part()関数で読み込みます。

　get_template_part()関数ではパラメータに読み込みたいパーツテンプレートのパスを記述します。切り分けた後のindex.phpは、次ページにある 図9 のようになります。content.phpの内容は 図10 です。

図9 index.php

```php
<?php get_header(); ?>
<?php
if ( have_posts() ) {
    // ループ開始 .
    while ( have_posts() ) {
        the_post();
        get_template_part( 'template-parts/content' );
    }
} else {
    // コンテンツがない場合 .
    echo '<p> コンテンツがありません。</p>';
}
?>
<?php get_sidebar(); ?>
<?php get_footer(); ?>
```

図10 /template-parts/content.php

```php
<article id="post-<?php the_ID(); ?>" <?php post_class(); ?>>
    <header class="entry-header">
        <h1><a href="<?php the_permalink(); ?>"><?php the_title(); ?></a></h1>
    </header>
    <div class="entry-content">
        <?php the_content(); ?>
    </div>
</article>
```

切り分け後にトップページを表示すると「content.php」がインクルードされていることがわかります **図11**。

図11 切り分け後のテンプレート構造

WordPress関数の命名の大まかなルール

WordPressの関数には大まかなルールがあります。例外もあるのですが、何かしらの目的のための関数を調べる際に、このルールを元に調べると、関数が見つかりやすくなるでしょう。

is_hoge

テンプレートに基づく条件分岐の際には、is_ で始まる関数が多いです。
- is_archive()：アーカイブページの判定
- is_admin()：管理画面の判定

has_hoge

なんらかの登録の有無を判定する際には、has_ が用いられる関数が多いです。
- has_term()：現在のポストが指定の項目(term)を持つかの判定
- has_post_thumbnail()：アイキャッチ画像の登録の有無の判定

get_hoge

特定の情報を戻り値として返す場合、get_ が用いられます。
- get_the_title()：タイトルを返す
- get_permalink()：現在のポストのパーマリンクを返す

the_hoge

特定の情報を取得して表示する場合、the_ が用いられます。
- the_title()：タイトルを表示する
- the_permalink()：現在のポストのパーマリンクを表示する

get_ と the_ では同じ内容を返すか、表示するか使い分けます。この使い分けについては、単純に表示したい場合は the_ を利用し、なにか PHP で取得後に表示以外の作業を行う場合には get_ を利用します。the_ では get_ をもとに、エスケープ処理などがおこなわれているため、シンプルに表示をおこないたい場合には、the_ を利用することをおすすめします。

テーマ関数ファイル (functions.php)

THEME テーマ ここでは、テーマを作成する際に必須となるfuncitons.phpファイルについて、その役割を解説します。また、テーマ内で利用する機能の設定もおこないます。

functions.phpの役割

functions.php は、テーマ内における機能の設定や、外部ファイルの読み込み、独自機能の追加などをまとめるといった、見栄え以外の多くの役割を担当します。

具体的には以下のような機能を担当します。

- スタイルとスクリプトの読み込み
- テーマの初期設定(標準機能の読み込み)
- カスタムメニューの設定
- ウィジェットの設定
- 独自関数の記述

funcitions.php は、WordPressでページを表示する際に、テーマ内のどのファイルよりも先に実行されます。もし、funcitions.php内に通常のHTMLを書けば、ベーステンプレートやパーツテンプレートよりも先に表示されます。

そのため、functions.phpには直接HTMLのみを書くことはしません。その代わり、関数を設定したり、フック◎を利用して設定した関数を呼び出したりします。

220ページ **Lesson7-04**参照。

関数にまだなれてない方には、難しく感じるかもしれません。なので、ここでは「functions.phpで何を設定しているのか。どのように記述するのか」についての把握に努めてください。

CSSとスクリプトの読み込み

これまでにwp_head()やwp_footer()関数を設定してツール（管理）バーを表示しました⏺。また、自動的にjQueryや絵文字用のCSSなども読み込まれています。この部分にテーマ内に配置したCSSやJavaScriptも読み込むようにします 図1 。

80ページ **Lesson4-02**参照。

図1 CSSとJavaScriptの読み込み

```php
<?php
/**
 * スタイルとスクリプトの読み込み
 */
function wpro_scripts() {
        wp_enqueue_style( 'wpro-style', get_stylesheet_uri(), array(), '1.0.0',
        'all' );
        wp_enqueue_script( 'wpro-script', get_template_directory_uri() . '/
        assets/js/script.js', array(), '1.0.0', true );
}
add_action( 'wp_enqueue_scripts', 'wpro_scripts' );
```

ここでは、テーマの基本CSSであるstyle.cssとテーマ内の/assets/js/ディレクトリに配置する予定のscript.jsを読み込んでいます。funcitons.phpを作成して、図1 のように記述すると、CSSファイルは 図2 、JavaScript（js）ファイルは 図3 のように読み込まれます。

なお現時点では、テーマディレクトリ内にjsファイルは存在していない状態です。中身は空でよいので、ディレクトリを作成して/assets/js/sctipt.jsを入れておきましょう。

図2 CSSファイルの読み込み（<head>内）

```
<link rel='stylesheet' id='wpro-style-css'  href='https:// ドメイン名 /wp-content/
themes/book-be-wp-pro/style.css?ver=1.0.0' type='text/css' media='all' />
```

図3 jsファイルの読み込み（</body>付近）

```
<script type='text/javascript' src='https:// ドメイン名 /wp-content/themes/
book-be-wp-pro/assets/js/script.js?ver=1.0.0' id='wpro-script-js'></script>
```

続いて読み込み用タグの詳細について解説します。

wp_enqueue_style()

wp_enqueue_style() は CSS を読み込む際に利用します。図4 に
ある5つのパラメータを持ちます。

図4 wp_enqueue_style()のパラメータ

パラメータ	説明	デフォルト値
$handle	出力時には id として利用される。複数の CSS を読み込む場合は重複しないように設定する必要がある。重複すると一つのみ読み込まれる	なし
$src	CSS ファイルのパス	''
$deps	依存する（先に読み込む必要のある）CSS ファイルの読み込みがある場合は指定	array()
$ver	任意のバージョン指定（読み込む CSS ファイルの最後に追加されるため、ブラウザキャッシュへの対応にも有効）	false
$media	CSS の media 属性の設定	all

wp_enqueue_script()

wp_enqueue_script() は js ファイルを読み込む際に利用します。
図5 にある5つのパラメータを持ちます。

図5 wp_enqueue_script()のパラメータ

パラメータ	説明	デフォルト値
$handle	出力時には id として利用される。複数の js ファイルを読み込む場合は重複しないように設定する必要がある。重複すると一つのみ読み込まれる	なし
$src	js ファイルのパス	''
$deps	依存する（先に読み込む必要のある）js ファイルの読み込みがある場合は指定	array()
$ver	任意のバージョン指定（読み込む js ファイルの最後に追加されるため、ブラウザキャッシュへの対応にも有効）	false
$in_footer	false だと wp_head() で読み込まれ、true だと wp_footer() で読み込まれる	false

この2つの関数を wpro_scripts() という独自関数でひとまとめ
にして、add_action関数を利用して、wp_enqueue_scripts のフッ
クのタイミングで実行しています。なお、フックについての説明
は P220 にておこないます。

テーマの初期設定

つづいて、テーマの初期設定をおこないます。WordPressでは極力シンプルな初期状態を提供するために、標準機能であっても未設定の状態では無視されます。そこでfunctions.phpで、必要な機能を利用するための設定をおこないます。

機能を利用するためにはadd_theme_support()タグを利用します。例えばタイトルタグの出力機能を利用するためにはfunctions.php内で 図6 のように記述します。

図6　add_theme_support()タグの記述

```
// タイトルタグの出力 .
add_theme_support( 'title-tag' );
```

add_theme_support()で設定する機能は直接functions.phpに書いても機能するものがあります。ただ、一般的には、一つの関数にまとめておいて読み込みます。これは、CSSとjsを読み込む際におこなった手法と同様です。本テーマでは 図1 に 追 記 して 図7 と し ま す。wpro_setup() という独自関数でひとまとめにして、after_setup_themeのタイミングで実行しています。

> **memo**
> add_theme_support()などは、Twenty Twenty-Oneなどの公式テーマにも記述されているので、それらも参考にしてください。

図7　functions.php

```php
<?php
/**
 * スタイルとスクリプトの読み込み
 */
function wpro_scripts() {
        wp_enqueue_style( 'wpro-style', get_stylesheet_uri(), array(), '1.0.0',
        'all' );
        wp_enqueue_script( 'wpro-script', get_template_directory_uri() . '/
        assets/js/script.js', array(), '1.0.0', true );
}
add_action( 'wp_enqueue_scripts', 'wpro_scripts' );



/**
 * テーマ初期設定
 *
 * テーマサポートの読み込み
 * カスタムメニューの設定
 */
function wpro_setup() {
    // タイトルタグの出力 .
```

```
        add_theme_support( 'title-tag' );
        // アイキャッチの利用 .
        add_theme_support( 'post-thumbnails' );
        // ブロックエディター用の基本 CSS の読み込み .
        add_theme_support( 'wp-block-styles' );
        // 全幅と幅広への利用 .
        add_theme_support( 'align-wide' );
        // 管理画面ブロックエディター用の CSS の読み込み .
        add_theme_support( 'editor-styles' );
        // 管理画面用の独自 CSS の読み込み .
        $editor_stylesheet_path = './assets/css/style-editor.css';
        add_editor_style( $editor_stylesheet_path );
        // カスタムメニューの追加 .
        register_nav_menus(
                array(
                        'primary' => ' メインナビゲーション ',
                )
        );
}
add_action( 'after_setup_theme', 'wpro_setup' );
```

add_theme_support('title-tag')

　add_theme_support('title-tag')は、URLごとにコンテンツにあわせたタイトルタグを <head> に出力します。たとえば、フロントページでは「サイト名-キャッチコピー」、個別投稿ページでは「個別ページのタイトル-サイト名」などです。

　なお、header.php などで <head> 内に <title> タグの記述がある場合は、そちらが優先されます、add_theme_support('title-tag')の設定を行う場合は <title> タグを削除しておきましょう 図8 。

図8　header.php

```
<!DOCTYPE html>
<html lang="ja">
<head>
    <meta charset="UTF-8">
    <meta http-equiv="X-UA-Compatible" content="IE=edge">
    <meta name="viewport" content="width=device-width, initial-scale=1.0">
    <title>Document</title> ← この部分を削除
    <?php wp_head(); ?>
</head>
<body>
```

add_theme_support('post-thumbnails')

アイキャッチ画像の利用を許可します。この設定をおこなうと、
投稿画面などにアイキャッチの設定枠が表示されます 図9 。

図9　投稿画面にアイキャッチの入力枠が表示

add_theme_support('wp-block-styles')

ブロックエディターで利用するCSSが読み込まれます。これに
よって提供ブロックのレイアウトなどが整います。

add_theme_support('editor-styles') と add_editor_style()

ブロックエディター内に独自のCSSを読み込み、フロント側と
同じようにスタイルを適用します。

register_nav_menus

カスタムメニューを設定します。詳しくは次セクションで見て
いきます。

カスタムメニュー

THEME
テーマ
WordPressにはメニューを作成するカスタムメニューという機能があります。ここ
では、funcitons.phpでカスタムメニューの設定を行い、header.phpで表示する設
定をおこないます。

カスタムメニューの設定

WordPressには簡単にメニューが作成できるカスタムメニューという機能があります。これを利用するには、functions.phpでカスタムメニューを登録します。add_theme_supportと同じく独自に関数をまとめるwpro_setup()中に含むようにして、after_setup_themeのタイミングにおいて実行します。P102にあるfunctions.phpの**図1**部分がカスタムメニューの記述です。

図1 カスタムメニューの記述例

```
// カスタムメニューの追加 .
register_nav_menus(
    array(
        'primary' => 'メインナビゲーション',
    )
);
```

register_nav_menus()

カスタムメニューを登録します。カスタムメニューは、投稿ページや固定ページの任意の場所にメニューを表示できる機能です。パラメータには、PHPの連想配列を利用してメニューの内容を記述します。この連想配列がカスタムメニューにおける位置の名称になります。

図1の場合、キーがprimary、値がメインナビゲーションとなります。今回は一つだけですが、連想配列では複数のキーと値が登録可能です。

こちらの登録によって、WordPressの管理画面の外観にカスタムメニューを設定する項目が追加されます**図2**。

> **POINT**
>
> 配列は複数の変数を保存できます。また、配列には「添字配列（キーが負ではない整数）と「連想配列（キーが文字列）」があります。詳細はPHPの解説書籍などを参照してください。

図2 メニュー（カスタムメニュー）

header.phpにおけるカスタムメニューの表示

　functions.phpにおいて設定されたカスタムメニューを表示する
にはheader.phpのbodyタグの後に、**図3**のように記述します。

図3 header.php

```
<nav id="site-navigation" class="primary-navigation">
    <?php
    wp_nav_menu(
        array(
            'theme_location'  => 'primary',
            'menu_class'      => 'menu-wrapper',
            'container_class' => 'primary-menu-container',
            'items_wrap'      => '<ul id="primary-menu-list" class="%2$s">%3$s</ul>',
            'fallback_cb'     => false,
        )
    );
    ?>
</nav>
```

　wp_nav_menu()はカスタムメニューを表示します。連想配列型
の引数を与えることができます。連想配列の中では次ページの
図4にあるようなパラメータを指定できます。

図4 wp_nav_menu()のパラメータ

パラメータ	説明	デフォルト値
theme_location	カスタムメニューの位置を設定。先に register_nav_menus にて設定した連想配列のキーを利用	なし
menu_class	カスタムメニューを表示する ul 要素に適用する CSS クラス名	menu
container_class	カスタムメニューの外側にあるコンテナ（要素）に適用する CSS クラス名	menu-{ メニューのスラッグ }-container
items_wrap	カスタムメニューの HTML における全体の構成を設定 ・%1$s に 'menu_id' のパラメーターの値 ・%2$s に 'menu_class' のパラメーターの値 ・%3$s にリスト項目の値	<ul id="%1$s" class="%2$s">%3$s</ul>
fallback_cb	メニューが存在しない場合にコールバック関数を呼び出す。false にすると、メニューの存在がない場合には何も表示しない	wp_page_menu

では実際に管理画面からメニューを設定しましょう。まず 図5 の手順で「メインナビゲーション」メニューを作成します。

図5 カスタムメニューの設定

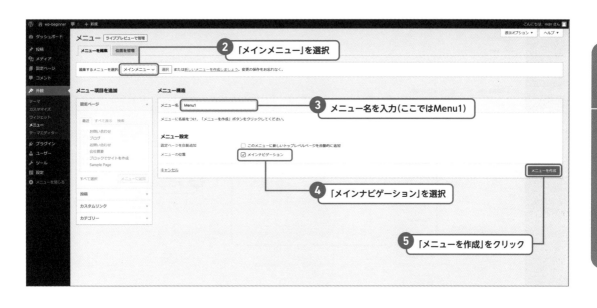

保存後に表示された画面で作成したメニューの項目を登録します 図6。

図6 メニューの項目を登録

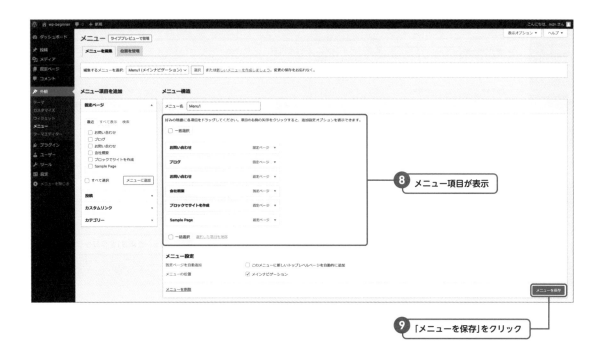

続いて作成したメニューの位置を、「位置を管理」で設定します
図7。なお、現時点では特に改めて設定する箇所はありません。

図7 メニューの位置設定

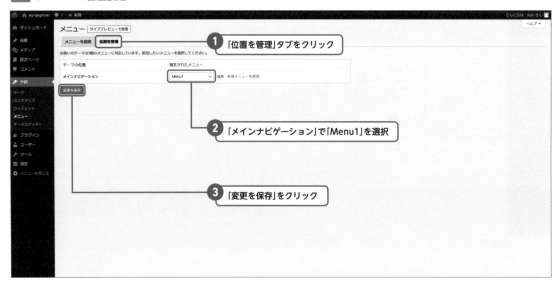

　サイトを表示してみると、作成したメインナビゲーションメ
ニューが表示されています 図8。

図8 メインナビゲーションメニューが表示

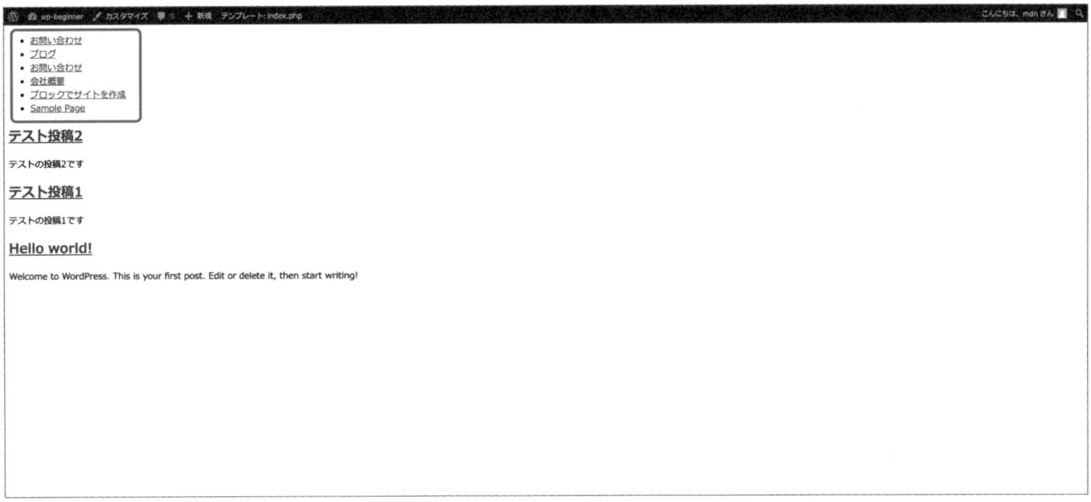

　現状では、スタイルがあたっていないので、単純な縦並びのメニューとなっています。Lesson5で作成するコーポレートサイトでは、スタイルがあたったナビゲーションが表示されるので、そちらも参考にしてみてください。

ウィジェット

THEME
テーマ
WordPressではウィジェットと呼ばれるパーツで機能を追加することができます。ここでは、funcitons.phpでウィジェットの設定をおこない、表示する方法について解説します。

functions.phpにおけるウィジェットの設定

WordPressより提供されるウィジェットを利用するには、まずfunctions.phpでウィジェットの登録をおこなう必要があります。ウィジェットを登録するための独自関数であるwpro_widgets_init()を作成して、その中でウィジェットを登録します。この関数をwidgets_initのタイミングにおいて実行します。

具体的にはfunctions.phpに 図1 のように記述します。

図1 ウィジェットの追加

```php
/**
 * ウィジェットの追加
 */
function wpro_widgets_init() {
    register_sidebar(
        array(
            'name'          => 'サイドバー',
            'id'            => 'main-sidebar',
            'description'   => 'サイドバーで表示する内容をウィジェットで指定します',
            'before_widget' => '<section id="%1$s" class="widget %2$s">',
            'after_widget'  => '</section>',
            'before_title'  => '<h2 class="widget-title">',
            'after_title'   => '</h2>',
        )
    );
}
add_action( 'widgets_init', 'wpro_widgets_init' );
```

register_sidebar()

register_sidebar()でウィジェットを登録します。これには連想配列の引数を与えることができます。なお、register_sidebar()では次のようなパラメータを指定できます 図2 。

図2 register_sidebar()のパラメータ

パラメータ	説明	デフォルト値
name	ウィジェットの名前を設定	サイドバー #n
id	カスタムメニューを表示する ul 要素に適用する CSS クラス名	sidebar-#n
description	ウィジェットの説明を記述	なし
before_widget	ウィジェットの前方に追加するタグを設定	`<li id="%1$s" class="widget %2$s">`
after_widget	ウィジェットの後方に追加するタグを設定	`</li>\n`
before_title	ウィジェットタイトルの前方に追加するタグを設定	なし
after_title	ウィジェットタイトルの後方に追加するタグを設定	なし

これらを登録するとWordPressの管理画面の外観にウィジェットを設定する項目が追加されます。図1 の場合は 図3 のように表示されます。

図3 ウィジェットの設定画面

ウィジェットの設定

　では簡単にウィジェットの設定をおこなってみましょう。まず
検索ブロックを入れてみます 図4。

図4 カスタムメニューの設定

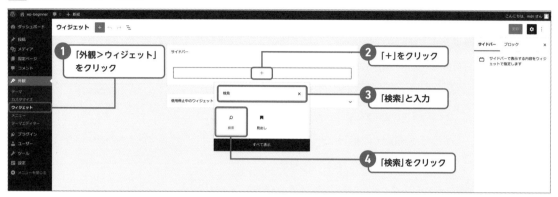

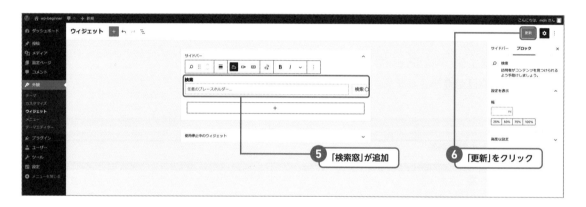

sidebar.phpでウィジェットを表示

　functions.php で設定したウィジェットを表示するために、
sidebar.php 全体を 図5 のように変更します。

図5 sidebar.php

```php
<?php
if ( is_active_sidebar( 'main-sidebar' ) ) {
    ?>
        <div class="widget-column main-sidebar">
        <?php dynamic_sidebar( 'main-sidebar' ); ?>
        </div>
    <?php
}
```

dynamic_sidebar

dynamic_sidebar()はウィジェットを表示します。パラメータを利用して、ウィジェットの名前などを指定します 図6。

表示はとてもシンプルです。なお、ここでは、ウィジェットの登録があるかどうかを判断するために条件分岐を利用しています。

114ページ　**Lesson4-08**参照。

図6　dynamic_sidebarのパラメータ

パラメータ	説明	デフォルト値
$number	ウィジェットの名前もしくはIDを指定	1

ウィジェットを登録すると、ウィジェットの内容が設定箇所に表示されます 図7。

> **memo**
> 現段階では、CSSがあたっていないので、サイドバーは下部に表示されています。

図7　検索ブロックが表示

ONE POINT

ウィジェットのブロック設定について

● WordPress5.8からの追加機能

WordPress5.8よりウィジェットの仕組みがアップデートされ、エディター同様にブロックが利用できるようになりました。なお、これまで利用されていたウィジェットの仕組みはClassicウィジェットと呼ばれます。

今回のようにテーマを新たに作る場合は、この新しいブロックを利用したウィジェットを利用すれば大丈夫です。ただし、この仕組みが導入される以前に作成したテーマなどを使う場合は、ブロック型のウィジェットがうまく動作しない場合もあります。この場合は、プラグインとして提供されている「Classic Widget」プラグインを利用します。有効化すると、ウィジェット部分が、ブロック型から、従来のウィジェットに変わります。

条件分岐

Lesson 4

08

30
min

THEME
テーマ

WordPressには、「TOPページではサイドバーを表示しない」など、条件に応じた処理をおこなう「条件分岐タグ」が数多く用意されています。条件分岐タグを上手に使いこなしてテーマ作成に活かしましょう。

テンプレート階層に関わる条件分岐タグ

WordPressの条件分岐タグは多数あります。その中でも、特に多いものがテンプレート階層に関わる条件分岐タグです。ここでは、よく利用される代表的な条件分岐タグを紹介します。それぞれ、該当する場合にはtrueを返し、それ以外ではfalseを返します。

条件分岐タグでパラメーターを持たないものには以下のようなものがあります。

- is_front_page()：サイトのTOP（フロント）ページが表示されている場合
- is_archive()：一覧ページが表示されている場合
- is_search()：検索結果のページが表示されている場合
- is_404()：404ページが表示されている場合

個別投稿を条件とするis_single()についてはパラメータを利用することで、更に限定的な条件分岐が可能です。

- is_single()：個別投稿のページ（または添付ファイルページ・カスタム投稿タイプの個別ページ）が表示されている場合。固定ページでは該当しない
- is_single('9')：投稿IDが9の投稿が表示されている場合
- is_single('hoge')：hogeというスラッグを持った投稿が表示されている場合
- is_single(array(9, 'hoge'))：投稿IDが9もしくは、hogeというスラッグを持った投稿が表示されている場合

is_single()と同じように、is_page()、is_category()、is_tag() などもパラメータによって、さらに限定的な条件判定が可能です。詳しくは条件分岐タグのドキュメントをご覧ください。

memo

「条件分岐タグ」ドキュメント
https://codex.wordpress.org/
Conditional_Tags

その他の条件分岐タグ

テンプレート階層に関わる条件分岐以外にも、便利な条件分岐タグがあります。こちらもよく利用するものをいくつかピックアップして紹介します。

- has_post_thumbnail()：アイキャッチの登録がある場合
- is_active_sidebar()：ウィジェットが有効化されている場合
- has_excerpt()：抜粋に手動の入力がある場合

条件分岐を利用する

ウィジェットの表示では、ウィジェットが有効されている場合にのみ表示するようにis_active_sidebar() を利用しています。さらに、TOPページではサイドバーを非表示にするため、is_front_page() を組み合わせてみましょう。sidebar.php を 図1 のように変更します。

memo

演算子の&&は「and（かつ）」、!は「否定」を意味します。

図1 sidebar.php

```php
<?php
if ( is_active_sidebar( 'main-sidebar' ) && ! is_front_page() ) {
    ?>
        <div class="widget-column main-sidebar">
        <?php dynamic_sidebar( 'main-sidebar' ); ?>
        </div>
    <?php
}
```

この状態では、TOPページを表示してもサイドバーの部分には何も表示されません 図2 。

図2 フロントページの表示

個別投稿ページの「Hello world!」を表示すると、ウィジェット
が有効化されている場合、そのウィジェットがサイドバーとして
（下部に）表示されます図3。ウィジェットが有効化されていない
場合は、TOPページ同様にウィジェットが表示されません。

図3 投稿ページの表示

これでテーマ制作の基礎は終了です。ほんのさわりの部分のみ
ですが、おおまかな概要はつかめたかと思います。

コーポレートサイト
テーマの作成

ここからはオリジナルのテーマを用いて、実際にWebサイトを構築する手順について解説します。ダウンロードデータの内容をいろいろとカスタマイズしながら、実際に試してみてください。

読む 〉 準備 〉 制作 〉 カスタマイズ 〉 運用 〉

Lesson 5
01

30 min

コーポレートサイトテーマ
作成の準備

THEME
テーマ

Lesson5では、Lesson4で学んだWordPressテーマの仕組みを活かして、コーポレート向けサイトのテーマを作成してみます。まずは、そのための準備をおこないます。

テーマデータのインポート

本書では、学習用に用意したデータをもとにして、テーマの仕組みを学んでいきます。まずはそのデータをダウンロードしてインポートしましょう。P8にあるURLからデータをダウンロードしてください。

なお、本書ではプラグインの「All-in-One WP Migration」 ➡ を使用してデータをインポートします。Lesson4までに使用してきた環境にインポートしてもよいのですが、その場合、既存のデータが消えてしまいます。せっかく学んできた内容を消してしまうのはもったいないので、新たなローカル環境を構築することをおすすめします 図1 。

➡ 240ページ **Lesson8-02**参照。

図1 ローカル環境の構築

① Localの管理画面で左下の「+」をクリック

② P28以降を参考に環境を構築

「All-in-One WP Migration」プラグインをインストールして、有効化します 。

memo
インポートしたWebサイトのログインIDとパスワードは、それぞれadminとなっています。

図2　ローカル環境の構築

メニューから「All-in-One WP Migration＞インポート」をクリックして、「インポート元」より「ファイル」を選びます。解凍したダウンロードデータから「Lesson5.wpress」を選択して、インポートを実行します 。

図3　データをインポート

完成したテーマを元に学ぶ写経のすすめ

本書では、基本的には完成済みのテーマをもとに、要点となる部分を解説する方式で学んでいきます。本来はLesson4で解説した基礎テーマと同様に、1から制作していく手順を解説したいところですが、そうなると、とても一冊では収まりきらないので、このような手法を採用しています。

すでに完成しているテーマなので、そのまま読み進めていくこともできます。しかし、可能であれば、テーマファイルを自分の手で写しながら、実際にファイルを作成していくことをおすすめします。

これは写経と呼ばれる、プログラミング学習の方法です。写しながらファイルを作っていくことで、理解が深まります。時にはミスタイプやファイルの制作順序の間違いなどでエラーに遭遇するかもしれません。完成しているテーマを参考にエラー箇所を直しながら作業すすめる、それが何よりもよい学習になるのです。

サイトマップから構成を考える

Lesson 5
02

30 min

THEME
テーマ

一般的なコーポレートサイトには、TOPページや会社概要など、最低限必要なページがあります。そこで、全体のサイトマップを作成して、そこからテーマに必要なファイル構成や機能について考えてみましょう。

コーポレートサイトのサイトマップ

仕事でWebサイトを制作する場合、最初に検討するものが全体のページ構成がわかるサイトマップです。このサイトマップをもとに、どのようなURLにするか、どの投稿タイプを利用するかを決めます。

本書のコーポレートサイトは 図1 のようなサイトマップとなっています。WordPressデフォルトの投稿と固定ページに加え、事例紹介部分についてカスタム投稿タイプ◯とカスタム分類◯を利用します。

162ページ **Lesson5-09**参照。

168ページ **Lesson5-10**参照。

図1 サンプルサイトのサイトマップ

第1階層	URL	投稿タイプ / 分類	ベーステンプレート
TOP	/	固定ページ（ホームページ）	front-page.php
最新のお知らせ	/news/	固定ページ（投稿ページ）	home.php
お知らせカテゴリー一覧	/category/{カテゴリースラッグ}/	投稿 分類：カテゴリー	archive.php
お知らせタグ一覧	/tag/{タグスラッグ}/	投稿 分類：タグ	archive.php
おしらせ詳細	/{投稿スラッグ}	投稿	single.php
事例紹介一覧	/showcase/	カスタム投稿タイプ	archive-showcase.php
事例紹介詳細	/showcase/{事例紹介スラッグ}/	カスタム投稿タイプ （分類：カスタム分類）	single-showcase.php
会社概要	/about/	固定ページ	page.php
検索	/?s=検索キーワード	検索結果表示	search.php
404	──	404	404.php

最終的な見栄えは 図2 〜 図8 のようになります。

すでにWebデザイナーによって各ページのデザインが完成しており、それをWordPressのテーマとして実装する、という仕事の進め方を想定しています。

図2 TOPページ

図3 お知らせ一覧

図4 お知らせ詳細

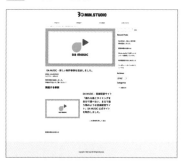

図5 事例紹介一覧

図6 事例紹介詳細

図7 会社概要

図8 お問い合わせ

サイトの機能設計

THEME
テーマ

続いて、サイトマップとWebデザインを参考にしながら、必要な機能やパーツの設計をおこないます。この設計をもとに、テーマファイルのどこに何を記述していくかが決定されます。

共通化するパーツテンプレートについて

まず、Webデザインを参考に、共通化できそうなパーツについてテンプレート化を検討します●。今回のWebサイトでは、ヘッダーとフッター、投稿一覧や詳細で利用されているサイドバーが共通化できそうです。

87ページ　**Lesson4-03**参照。

ヘッダーのパーツ

ヘッダー部分 図1 にあるパーツと、それを作成するための機能は以下です。

- カスタムヘッダー：ロゴを設定する機能としてテーマカスタマイザーの機能を利用
- カスタムメニュー：メインナビゲーションに利用
- パンくず：TOPページ以外ではパンくずがある（プラグインのYoast SEOに含まれる機能を利用）

図1 ヘッダー（header.php）

フッターのパーツ

フッター 図2 も共通化しますが、特に機能として追加はありません。

図2 フッター（footer.php）

サイドバーのパーツ

サイドバーは自由に並び替えが効くウィジェットを利用します 図3 。

図3 サイドバー（sidebar.php）

WordPressの機能を利用する箇所を検討

続いて、それぞれのページにWordPressの機能をどのように利用し、どのようなテーマファイルを設定するかを検討します。

固定ページ

　以下のページは固定ページとなっています。

● TOPページ：front-page.php 図4
● 会社概要：page.php 図5
● お問い合わせページ：page.php 図6

　どれもサイドバーのない1カラムとなっています。投稿詳細などは2カラムですが。テンプレート階層が異なるので、これらのベーステンプレートではサイドバーなしで制作をおこないます。

　コンテンツ部分については、すべてページタイトルとブロックエディターで対応します。

　お問い合わせページではフォームにプラグインを利用します
。

194ページ　**Lesson6-04**参照。

図4　TOPページ(front-page.php)

図5 会社概要（page.php）

図6 お問い合わせページ（page.php）

お知らせ一覧ページ

お知らせ一覧ページ 図7 では以下のファイルと機能を利用します。

- 最新のおしらせ：home.php
- お知らせカテゴリー一覧：archive.php
- お知らせタグ一覧：archive.php

どれもサイドバーがある2カラムとなっているのでサイドバーの読み込みをおこないます。サイドバーではウィジェットを利用します。

一覧部分は、投稿が追加されるたびに最新が先にくるように表示します。記事ごとに表示する情報は以下のとおりです。また、ページネーションの機能を利用します。

- タイトル
- 投稿日と該当カテゴリー
- 抜粋

図7　お知らせ一覧ページ

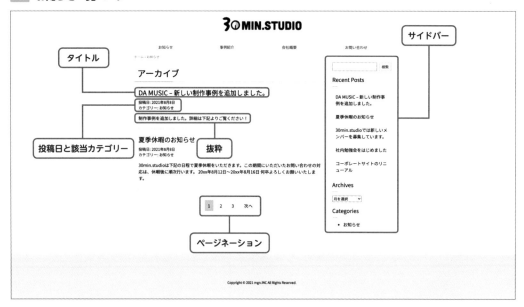

お知らせ詳細ページ

　お知らせ詳細 図8 は single.php を使用します。

　サイドバーがある2カラムとなっているのでサイドバーの読み込みをおこないます。サイドバーではウィジェットを利用します。コンテンツ部分は以下となります。

- アイキャッチ画像
- タイトル
- 投稿日と該当カテゴリー
- 本文

　また、前(次)の記事リンクの機能を利用します。

図8　お知らせ詳細ページ

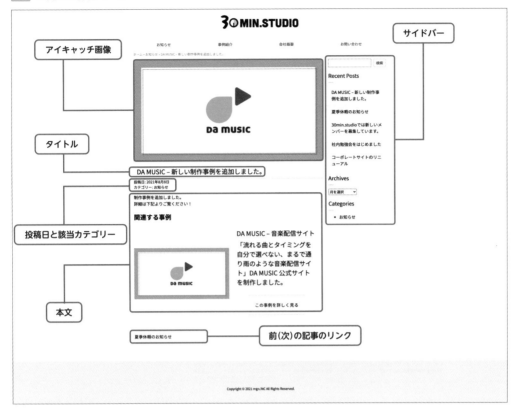

事例紹介一覧ページ

　事例紹介一覧 **図9** は archive-showcase.php を使用します。

　サイドバーがない1カラムとなっています。お知らせ一覧とはレイアウトが異なるため、新たなテンプレートを作成します。

　一覧部分は、事例が追加されるたびに最新が先にくるように表示します。記事ごとに表示する情報は次ページのとおりです。

- アイキャッチ画像
- タイトル
- 抜粋

図9 事例紹介一覧ページ

　なお、本書のテーマでは、P218の設定により事例紹介が全件表示されておりページネーションは表示されません。functions.phpからP218にあるコードを削除すると、表示件数が3件となり、ページネーションが表示されます 図10 。

図10 ページネーションの表示

事例紹介詳細ページ

事例紹介詳細 **図11** は single-showcase.php を使用します。

サイドバーがある2カラムとなっているのでサイドバーの読み込みをおこないます。サイドバーではウィジェットを利用します。コンテンツ下部に「関連する事例紹介」というセクションがあるので、異なるテンプレートを作成します。コンテンツ部分は以下のとおりです。

● アイキャッチ画像

図11 事例紹介詳細ページ

ここまでサイトの設計をおこないました。サイト設計自体もWordPressテーマ制作の中の大きな作業の一つです。まだ慣れないうちはサイトマップから、どのようにWordPressを利用するかがイメージしにくく、機能についてもどの機能をどのように利用するかは判断が難しいことでしょう。

このあたりは、何度もサイトをWordPressで作成してくうちに、自然と身についてきます。制作を重ねながら自分の中の知識の引き出しを増やすようにしましょう。

functions.phpの作成

> **THEME**
> **テーマ**
>
> それでは、いよいよテーマについて解説をしていきます。まずはテーマの基本的な機能をつかさどるfunctions.phpの設定について解説します。

functions.phpから作るメリット

テーマを作るにあたり、どこから作っていくかというのは重要なポイントです。いろいろな考え方がありますが、ここではテーマ内で機能をつかさどる functions.php から作り始める手法を紹介します。

まず、基本の機能をつくることで、出力されるHTMLが先に決まります。そのため、あとからのデザインの調整もおこないやすくなります。

デザインの調整を先におこなうと、機能完成後に想定と異なるHTMLが出力された場合に再度デザインの調整が必要となります。こういった重複した手間を省くためにもfunctions.php から作り始めることをおすすめします。

functions.phpの全体を把握する

functions.php には複数の機能が設定されています。本書のテーマデータでは、機能ごとにコメントが入れてあります。このコメントを見ながら機能を確認していきましょう。なお、本書のfunctions.php には、以下に挙げる7つの機能が含まれています。

① スタイルとスクリプトの読み込み
② テーマ初期設定
③ ウィジェットの追加
④ ショートコード「related_showcase」〇
⑤ 事例紹介のアーカイブページにて、表示する事例の数を全件に変更〇

210ページ **Lesson7-02**参照。

216ページ **Lesson7-03**参照。

⑥ WordPress のバージョン情報を非表示にする◯

220ページ **Lesson7-04**参照。

⑦ 投稿詳細にて、「事例紹介」という文字列が本文内に含まれている場合、自動でリンクを付与する◯

220ページ **Lesson7-04**参照。

　Lesson5 では基本的な機能である①〜③を解説します。④〜⑦はカスタマイズ要素となっているので、Lesson7 にて解説します。

　ソースコードにコメントを入れると、どういった目的でどういったコードが書かれているかが明確になります。特に共同で作業を進めることが多いWeb サイト制作では、他の人がコードを見ても意図が伝わるように、コメントを積極的に記載していきましょう。

①スタイルとスクリプトの読み込み

　CSS ファイルと JavaScript（js）ファイルを読み込みます。手順は Lesson4 ◯で解説したものと同じです。

98ページ **Lesson4-05**参照。

　独自関数 wpro_scripts() を作成して、wp_enqueue_style() で CSS を読み込み、wp_enqueue_script() で js ファイルを読み込みます。

　その関数は add_action() を利用して、wp_enqueue_scripts のタイミングで読み込みます 図1 。

図1 スタイルとスクリプトの読み込み（functions.php8行目付近）

```
/**
 * スタイルとスクリプトの読み込み
 */
function wpro_scripts() {
        wp_enqueue_style( 'wpro-style', get_stylesheet_uri(), array(), '1.0.0', 'all' );
        wp_enqueue_script( 'wpro-script', get_template_directory_uri() . '/assets/js/
        script.js', array(), '1.0.0', true );
}
add_action( 'wp_enqueue_scripts', 'wpro_scripts' );
```

②テーマ初期設定

　テーマの初期設定についても Lesson4 ◯と同様です。独自関数 wpro_setup() を作成して、その中で add_theme_support() 関数を利用して、機能の呼び出しや設定をおこないます。

98ページ **Lesson4-05**参照。

また、同タイミングでカスタムメニューも設定しています。

では、Lesson4までに説明していない設定について説明します。

カスタムロゴについて

add_theme_supportにおいて、custom-logoを設定 図2 すると、「外観＞カスタマイズ＞サイト基本情報＞ロゴ」よりロゴを設定できるようになります 図3 。

図2 カスタムロゴの設定(functions.php 49行目付近)

```php
// カスタムロゴの設定 .
$logo_width  = 300;
$logo_height = 100;

add_theme_support(
    'custom-logo',
    array(
        'height'               => $logo_height,
        'width'                => $logo_width,
        'flex-width'           => true,
        'flex-height'          => true,
        'unlink-homepage-logo' => true,
    )
);
```

図3 カスタムロゴの設定画面

　第2引数に連想配列として設定をおこないます。今回設定した内容と初期値は 図4 のとおりです。

図4 custom-logoのパラメータ

パラメータ	説明	デフォルト値
width	ロゴの予定される横幅を指定（ピクセル単位）	null
height	ロゴの予定される高さを指定（ピクセル単位）	null
flex-width	ロゴ画像アップロード時に横幅を width にて設定したものから自由に変更できるかどうかを設定	false
flex-height	ロゴ画像アップロード時に高さを height にて設定したものから自由に変更できるかどうかを設定	false
unlink-homepage-logo	常時ロゴからは TOP ページにリンクされる。ただし、TOP ページを表示している場合のみリンクを設定しない	false

flex-width および flex-height がデフォルト値では false となっており、ロゴをアップロードした際に切り抜く大きさが、width と height に設定した内容で固定されます。それぞれを true にすると、自由なサイズでのロゴの設定が可能となります。

ブロック関連の機能の設定

続いて本書のテーマにおいて、add_theme_support() の設定によって追加できる他の機能について紹介します。

● wp-block-styles

ブロックエディターで利用するブロックにおいて、一部デフォルトでは適用されてないCSSを有効にします。具体的には、「引用」や「区切り線」などがあります 図5。

図5 左：wp-block-stylesなし　右：wp-block-stylesあり

◉align-wide

　編集画面において、「幅広」および「全幅」の設定をブロックで選択できるようになります 図6 。

図6 「幅広」「全幅」の設定

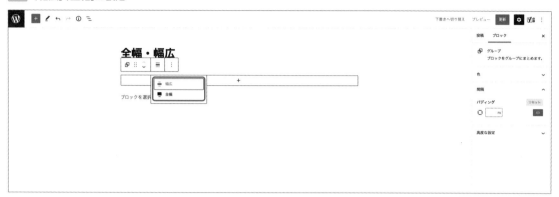

◉editor-styles

　ブロックエディター用のカスタムCSSの利用を有効化します。

◉add_editor_style

　ブロックエディターで読み込むCSSのパスを設定します。本テーマでは /assets/css/style-editor.css を設定しています。

◉editor-font-sizes

　ブロックエディターで設定できる文字サイズを設定します 図7 。

図7 文字サイズの設定

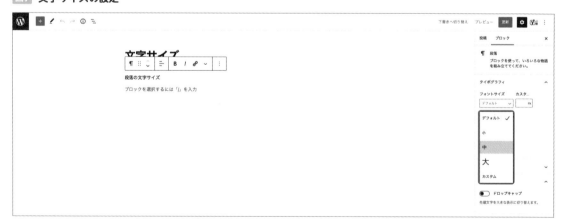

○responsive-embeds

　動画の埋め込みなどの際に、縦横比を維持したままレスポンシブの対応をおこないます。

○custom-line-height

　行の高さを設定可能にします 図8 。

図8　行の高さを設定

○custom-spacing

　カバーブロックの余白設定をサポートします。パディング（ブロックの内側の部分の余白）を設定可能にします。

○custom-units

　カバーブロックの高さの単位の設定をサポート。パディングの単位を設定できます 図9 。

> **memo**
> WordPressでは、ブロックの外側の余白をマージンと呼びます。

図9　パディングの設定

これらは本書のテーマにおけるfunctions.phpの67行目付近以降に記載されています 図10 。

図10 各種add_theme_support()の設定（functions.php67行目付近）

```php
// ブロックエディター用の基本 CSS の読み込み .
add_theme_support( 'wp-block-styles' );

// 全幅と幅広への利用 .
add_theme_support( 'align-wide' );

// 管理画面ブロックエディター用の CSS の読み込み .
add_theme_support( 'editor-styles' );

// 管理画面用の独自 CSS の読み込み .
$editor_stylesheet_path = './assets/css/style-editor.css';
add_editor_style( $editor_stylesheet_path );

// テキスト設定のフォントサイズの設定 .
add_theme_support(
        'editor-font-sizes',
        array(
                array(
                        'name'      => '小',
                        'shortName' => 'S',
                        'size'      => 13,
                        'slug'      => 'small',
                ),
                array(
                        'name'      => '中',
                        'shortName' => 'M',
                        'size'      => 16,
                        'slug'      => 'normal',
                ),
                array(
                        'name'      => '大',
                        'shortName' => 'L',
                        'size'      => 36,
                        'slug'      => 'large',
                ),
        )
);

// レスポンシブに対応した埋め込みのサポート .
add_theme_support( 'responsive-embeds' );

// 行間のカスタマイズのサポート .
```

```
add_theme_support( 'custom-line-height' );

// 段落、見出し、グループ、列、メディアおよびテキストブロックのリンクカラー設定のサポート.
add_theme_support( 'experimental-link-color' );

// カバーブロックの余白設定のサポート.
add_theme_support( 'custom-spacing' );

// カバーブロックの高さの単位の設定をサポート.
add_theme_support( 'custom-units' );
```

③ウィジェットの追加

本書のテーマでは、Lesson4 ➕ で解説したウィジェットの追加を実施しています。こちらはfunctions.phpの131行目付近以降に記載されています 図11 。

110ページ　**Lesson4-07**参照。

図11 ウィジェットの追加（functions.php131行目付近）

```
/**
 * ウィジェットの追加
 */
function wpro_widgets_init() {
    register_sidebar(
        array(
            'name'         => 'サイドバー',
            'id'           => 'main-sidebar',
            'description'  => 'サイドバーで表示する内容をウィジェットで指定します',
            'before_widget' => '<section id="%1$s" class="widget %2$s">',
            'after_widget'  => '</section>',
            'before_title'  => '<h2 class="widget-title">',
            'after_title'   => '</h2>',
        )
    );
}
add_action( 'widgets_init', 'wpro_widgets_init' );
```

以上、非常に簡単でしたがfunction.phpに記載されている内容について解説をしました。ここで解説した以外の内容も記載されていますが、それらの詳細については以降で紹介する機能やカスタマイズに応じて解説していきます。

共通パーツの作成

Lesson 5

Lesson5-3で検討したサイトの機能設計をもとに、共通パーツに必要な機能を実装していきます。

ヘッダーとフッターの実装

ヘッダーのソースコードはのとおりです。表示箇所はサイトのヘッダー部分です 図2 。

図1 header.php

```php
<?php
/**
 * ヘッダー部分のパーツテンプレート
 *
 * @package book-be-wp-pro
 */

?>
<!DOCTYPE html>
<html <?php language_attributes(); ?>>
<head>
        <meta charset="<?php bloginfo( 'charset' ); ?>" />
        <meta http-equiv="X-UA-Compatible" content="IE=edge">
        <meta name="viewport" content="width=device-width, initial-scale=1.0">
        <?php wp_head(); ?>
</head>
<body <?php body_class(); ?>>
        <?php wp_body_open(); ?>
        <div id="page" class="site">
                <header id="site-header" class="site-header">
                        <?php if ( has_custom_logo() ) : ?>
                                <div class="site-logo"><?php the_custom_logo(); ?></div>
                        <?php else : ?>
                                <div class="site-logo"><a href="<?php echo esc_attr( home_url( '/' ) ); ?>"><?php bloginfo( 'name' ); ?></a></div>
                        <?php endif; ?>
```

```php
            <nav id="site-navigation" class="primary-navigation">
                <?php
                wp_nav_menu(
                    array(
                        'theme_location'  => 'primary',
                        'menu_class'      => 'menu-wrapper',
                        'container_class' => 'primary-menu-
                        container',
                        'items_wrap'      => '<ul id="primary-
                        menu-list" class="%2$s">%3$s</ul>',
                        'fallback_cb'     => false,
                    )
                );
                ?>
            </nav>
            <?php
            if ( function_exists( 'yoast_breadcrumb' ) && ! is_front_
            page() ) {
                ?>
                <div class="breadcramb"><?php yoast_breadcrumb( '<p
                id="breadcrumbs">', '</p>' ); ?></div>
            <?php } ?>
        </header>
        <div id="content" class="site-content">
            <div id="content-area" class="content-area">
```

図2 ヘッダーの表示箇所

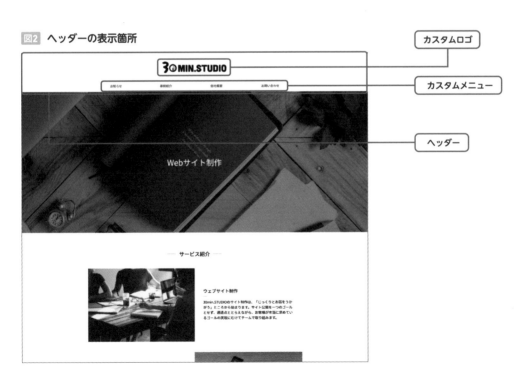

では、主な機能について簡単に解説していきます。

WordPress関数の利用

　まずは、ヘッダーとしてどのサイトでも利用する可能性の高い設定をそれぞれWordPressの独自関数を利用して設定します。ここは、**図3** の形を基本として拡張するとよいでしょう。

図3 header.php（9行目付近）

```
<!DOCTYPE html>
<html <?php language_attributes(); ?>>
<head>
        <meta charset="<?php bloginfo( 'charset' ); ?>" />
        <meta http-equiv="X-UA-Compatible" content="IE=edge">
        <meta name="viewport" content="width=device-width, initial-scale=1.0">
        <?php wp_head(); ?>
</head>
<body <?php body_class(); ?>>
        <?php wp_body_open(); ?>
```

　それぞれで利用しているタグについて簡単に解説します。

◎language_attributes()
- `<html>`タグ用に言語属性を表示
- WordPressの言語設定に応じて出力
- 日本語であれば`<html lang="ja">`を設定

◎bloginfo()
- サイトの情報を表示させる関数
- パラメータにキーワードを入れると該当の情報が表示
- charsetを入力した場合にUTF-8を返す

◎wp_body_open()
- wp_head()やwp_footer()と同じようにwp_body_open()というフックの場所を設置
- デフォルトでは何も設定されない
- bodyの開始タグ直後にコードを入れたい場合に利用

　wp_body_open()は、たとえばGTM（グーグルタグマネジャー）のコード（P263）を設定する場合にbody開始タグ直後に測定用のコードを設定する必要があるので、そのような場合に利用します。

カスタムロゴ

つづいて、ロゴの表示です。ここではP132で設定したカスタムロゴを出力します 図4 。

図4 header.php （21行目付近）

```php
<?php if ( has_custom_logo() ) : ?>
        <div class="site-logo"><?php the_custom_logo(); ?></div>
<?php else : ?>
        <div class="site-logo"><a href="<?php echo esc_attr( home_url( '/' ) ); ?>">
        <?php bloginfo( 'name' ); ?></a></div>
<?php endif; ?>
```

カスタムロゴの設定がある場合は、それを表示します。カスタムロゴの設定がない場合は、サイト名をテキストで表示します。それぞれ利用している WordPress の独自タグの説明は以下のとおりです。

◉ has_custom_logo()
● カスタムロゴの設定がある場合にtrueを返す

◉ the_custom_logo()
● カスタムロゴにて設定されたロゴ画像を表示

◉ home_url( )
● 現在のブログのホーム URLを返す
● 引数 $pathを設定することで、その内容を含めて返す
● 今回の場合は最後にスラッシュを付けて、ブログのホームURL が返される

◉ bloginfo('name')
● サイトの情報を表示させる関数
● nameを入力した場合、設定 > 一般 で設定されたサイトのタイトルが表示

カスタムメニュー

ロゴ下のメインメニューについてはLesson4◉で紹介した内容です。場所として primary を設定し、この場所に設定されたメニューを表示します 図5 。

104ページ　Lesson4-06参照。

図5 **header.php（26行目付近）**

```php
<nav id="site-navigation" class="primary-navigation">
    <?php
    wp_nav_menu(
            array(
                    'theme_location'  => 'primary',
                    'menu_class'      => 'menu-wrapper',
                    'container_class' => 'primary-menu-container',
                    'items_wrap'      => '<ul id="primary-menu-list" class="%2$s">
                    %3$s</ul>',
                    'fallback_cb'     => false,
            )
    );
    ?>
</nav>
```

パンくず

TOPページ以下の階層ではパンくずを表示します。なお、パンくずについては「Yoast SEO」プラグイン⊕を利用しています 図6 。

182ページ **Lesson6-02**参照。

図6 **パンくずとサイドバー**

サイドバー

TOPページ以外ではサイドバーが表示されます 図6 。サイドバーのウィジェットについてはLesson4⊕で紹介した内容です。

110ページ **Lesson4-07**参照。

main-sidebar を表示しますが、is_active_sidebar() を利用することで、ウィジェット設定の有無でウィジェットの表示自体を制限しています 図7 。

図7 **sidebar.php**

```php
<?php
/**
```

```php
 * サイドバー部分のパーツテンプレート
 *
 * @package book-be-wp-pro
 */

if ( is_active_sidebar( 'main-sidebar' ) ) : ?>

        <aside id="site-aside" class="site-aside">
                <?php
                if ( is_active_sidebar( 'main-sidebar' ) ) {
                        ?>
                                <div class="widget-column main-sidebar">
                                <?php dynamic_sidebar( 'main-sidebar' ); ?>
                                </div>
                        <?php
                }
                ?>
        </aside><!-- .widget-area -->

<?php endif; ?>
```

◉is_active_sidebar()

● ウィジェットの登録がある場合、trueを返す

フッター

フッターについては、ファイルを分割したのみです 図8 。

図8 footer.php

```php
<?php
/**
 * フッター部分のパーツテンプレート
 *
 * @package book-be-wp-pro
 */

?>
                        </div><!-- #content-area -->
                </div><!-- #content -->
                <footer id="site-footer" class="site-footer">
                        <p>Copyright &copy; 2021 mgn.INC All Rights Reserved.</p>
                </footer>
        </div><!-- #page -->
        <?php wp_footer(); ?>
</body>
</html>
```

Lesson 5

06

120
min

固定ページおよび
投稿詳細ページの作成

THEME テーマ　続いて、固定ページである会社概要とお知らせ詳細、カスタム投稿タイプである事例詳細の各ページについて、コンテンツ部分を共通化してテンプレートを作成します。

コンテンツ部分のパーツ化

　各詳細ページのテンプレートを作成するにあたり、コンテンツ部分を共通化します。共通化されたコンテンツ部分のテンプレートは固定ページの会社概要ページ 図1 とお知らせ詳細ページ 図2、カスタム投稿タイプとして追加してある事例紹介詳細ページ 図3 に利用します。

　このように、コンテンツ部分を共通化する手法はよく利用されます。パーツを分割することで、各ファイルがシンプルになります。加えて、共通化によって同じコードを何度も書かなくて済むという利点が生まれます。

　パーツ化したコンテンツ部分を content.php とします。テーマフォルダ内に新たに template-parts と名付けたフォルダを設置して、そこに、content.php を保存します。パーツ化したテンプレートは get_template_part() で呼び出します。

図1　会社概要ページ

図2 お知らせ詳細ページ

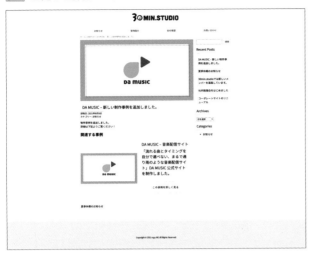

図3 事例紹介詳細ページ

共通パーツ内で扱う要素としては 図4 があります。これらは、共通パーツ内で条件分岐を利用して、それぞれのページに必要な要素をだし分けして表示します。

図4 共通パーツ内で扱う要素

要素	TOP ページ	会社概要ページ	お知らせ詳細ページ	事例紹介詳細ページ
タイトル	-	○	○	○
アイキャッチ	-	-	○	○
日付と分類	-	-	○	-
本文	○	○	○	○
次前の記事	-	-	○	○

コンテンツ部分の共通テンプレートを作成

　コンテンツ部分のテンプレートに表示する内容が決まったところで、テンプレートを作成します。実際に今回作成したテンプレートは 図5 のとおりです。

図5 content.php（コンテンツ部分の共通点テンプレート）

```php
<?php
/**
 * コンテンツ部分のパーツテンプレート
 *
 * @package book-be-wp-pro
 */


?>

<article id="post-<?php the_ID(); ?>" <?php post_class(); ?>>
	<?php if ( ! is_front_page() ) : ?>
		<header class="entry-header">
			<?php
			if ( has_post_thumbnail() ) {
				the_post_thumbnail();
			} elseif ( is_single() ) {
				echo '<img src="' . esc_attr( get_template_
				directory_uri() ) . '/assets/images/thumbnail-
				default.jpg">';
			}
			?>
			<?php the_title( '<h1 class="entry-title default-max-
			width">', '</h1>' ); ?>
			<?php if ( is_singular( 'post' ) ) : ?>
				<p class="entry-date"> 投稿日： <time datetime="<?php
				the_time( 'Y-m-d' ); ?>"><?php the_time( 'Y 年 n 月 j
				日' ); ?></time></p>
				<p class="entry-category"> カテゴリー： <?php the_
				category( ' ' ); ?></p>
			<?php endif; ?>
		</header><!-- .entry-header -->
	<?php endif; ?>

	<div class="entry-content">
		<?php
		the_content();

		if ( is_single() ) {
			// ページ分割への対応 .
			$link_pages_args = array(
```

```
                            'before'         => '<p class="entry-link-pages">',
                            'next_or_number' => 'next',
                    );
                    wp_link_pages( $link_pages_args );
                }
                ?>
        </div><!-- .entry-content -->

</article><!-- #post-<?php the_ID(); ?> -->
                </footer>
        </div><!-- #page -->
        <?php wp_footer(); ?>
</body>
</html>
```

articleタグに固有のidやclassを設定

　まずは、コンテンツ部分の外枠に固有のidやclassを設定します。
設定の箇所と利用したWordPress関数は 図6 です。

図6　content.php（10行目付近）

```
<article id="post-<?php the_ID(); ?>" <?php post_class(); ?>>
```

◉the_ID()
●詳細記事固有のidを表示

◉post_class()
●bodyクラスと同様に、記事の状態や該当の分類などにあわせて
　固有のclassを出力

記事詳細ページでは 図7 のように出力されます。

図7　出力されるHTML

```
<article id="post-46" class="post-46 post type-post status-publish format-standard
has-post-thumbnail hentry category-information">
```

TOPページではアイキャッチなどを表示しない

　コンテンツ部分では <header> タグ内でアイキャッチ、ページ
タイトル、カテゴリーなどを表示しています。TOPページでは要
素をすべてブロックエディターで設定して、アイキャッチやペー
ジタイトルなどを利用しないため、条件分岐で除外しています。

図8 content.php（11行目付近～26行目付近）

```php
<?php if ( ! is_front_page() ) : ?>
    <header class="entry-header">
        .
        .
        .
    </header><!-- .entry-header -->
<?php endif; ?>
```

memo

「!」をつけることで条件を反転しているため、is_front_page()がfalseの場合（＝TOPページ以外の場合）に処理が実行されます。

○ is_front_page()

● TOP（フロント）ページではtrueを返す

アイキャッチの有無によるダミー画像の表示

アイキャッチ画像の設定がある場合はその画像を表示し、設定がない場合には、その部分が空白にならないようにダミー画像を表示しましょう。

has_post_thumbnail()でアイキャッチ画像の有無を確認し、ある場合にはthe_post_thumbnail()関数で表示します。もしない場合で、かつis_single()の条件（本サイトでは、投稿の詳細ページもしくは、事例紹介の詳細ページ）に当てはまる場合はダミーのアイキャッチ画像を表示します。その際にテーマ内に配置した画像を参照するようにget_template_directory_uri()関数を利用します 図9。

esc_attr()関数は文字列に対してエスケープ処理を実施します。

WORD エスケープ処理

プログラミング言語において、特定の文字列を置き換える、もしくは削除する処理のこと。例えば、HTMLでは「<」や「>」はタグとして認識されるため、そのままでは表示できないが、「<」「>」と書き換えることで表示させることが可能となる。エスケープ処理によって意図しないプログラムの実行などを防ぐことが可能。

図9 content.php（14行目付近～18行目付近）

```php
if ( has_post_thumbnail() ) {
    the_post_thumbnail();
} elseif ( is_single() ) {
    echo '<img src="' . esc_attr( get_template_directory_uri() ) . '/assets/images/
    thumbnail-default.jpg">';
}
```

○ has_post_thumbnail()

● アイキャッチの登録がある場合にtrueを返す

○ the_post_thumbnail()

● アイキャッチ画像を表示する

○ is_single()

● 固定ページ以外の詳細ページでtrueを返す

◎get_template_directory_uri()

● テーマまでのuriを返す

◎esc_attr()

● エスケープ処理。< > & " ' (小なり、大なり、アンパサンド、ダブルクォート、シングルクォート) 文字参照をエンコードする

投稿日付とカテゴリーの表示

　詳細記事ページのみ、投稿日とカテゴリーを表示します。詳細記事ページを条件としたいのでis_single()関数で条件分岐したいところですが、is_single()関数の場合、事例紹介詳細ページも含まれてしまいます。ここは投稿の詳細ページのみに条件を絞り込みたいので、「投稿タイプを限定した詳細ページ」という条件が指定できるis_singular()に引数として、投稿のポストタイプをしめす「post」を入れて限定させています 図10 。

図10 content.php（21行目付近～24行目付近）

```php
<?php if ( is_singular( 'post' ) ) : ?>
    <p class="entry-date">投稿日：<time datetime="<?php the_time( 'Y-m-d' ); ?>">
    <?php the_time( 'Y年n月j日' ); ?></time></p>
    <p class="entry-category">カテゴリー：<?php the_category( ' ' ); ?></p>
<?php endif; ?>
```

◎is_singular()

● 詳細ページの場合はtrueを返す。パラメータに投稿タイプを入力した場合、その投稿タイプの詳細ページでのみtrueを返す

◎the_time()

● 現在の投稿の公開時刻を表示する。パラメータにおいて、出力するフォーマットを設定する

◎the_category()

● 現在の記事が属するカテゴリーへのリンクを表示する。1つ目の引数はセパレータで、記事が複数のカテゴリーに属している場合に、カテゴリーの区切り文字として利用される。本テーマでは「 」としているので、スペースでカテゴリーが区切られる

本文の表示とページ分割

WordPressでは本文中にページ区切りブロックを設置、もしくは <!--nextpage--> を入力すると、本文をページ分割する機能があります 図11 。

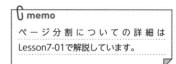

memo

ページ分割についての詳細は Lesson7-01で解説しています。

図11 ページ分割

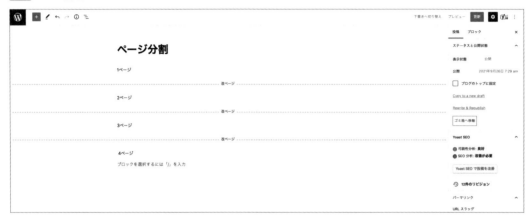

本文を表示するthe_content()関数のあとに、wp_link_pages()を追加することで分割した場合のリンクが表示されます 図12 。

図12 content.php（32行目付近〜39行目付近）

```php
the_content();
if ( is_single() ) {
    // ページ分割への対応 .
    $link_pages_args = array(
        'before'         => '<p class="entry-link-pages">',
        'next_or_number' => 'next',
    );
    wp_link_pages( $link_pages_args );
}
```

○ wp_link_pages()
● ページ分割された場合にリンクを表示。beforeはリンクの前のテキスト。デフォルトは <p>Pages:

○ next_or_number
● nextを設定すると、リンクの表記が数字から「次のページ」という文字列へ変更 図13 。

図13 左：next_or_numberをnextにした場合　右：next_or_numberが初期値（number）の場合

page.phpの作成

　会社概要・お問い合わせページなどの固定ページで利用するテンプレート（page.php）を作成します。ループの中で、テンプレート化したcontent.phpを呼び出します 図14 。

図14 page.php

```php
<?php
/**
 * page.php
 *
 * @package book-be-wp-pro
 */

get_header();
?>
<main id="site-main" class="site-main" role="main">
<?php
if ( have_posts() ) {

        // ループ開始 .
        while ( have_posts() ) {
                the_post();
                get_template_part( 'template-parts/content' );
        }

} else {
        // コンテンツがない場合 .
        echo '<p> コンテンツがありません。</p>';

}
```

```
?>
</main><!-- #site-main -->
<?php
get_footer();
```

single.phpの作成

詳細記事ページで利用するテンプレート（single.php）を作成します 図15 。

固定ページに追加して、投稿の場合は本文下に投稿の次前の表示を the_post_navigation() を利用して実施します。

また、サイドバーをフッターの上に読み込んでいます。

図15 single.php

```php
<?php
/**
 * single.php
 *
 * @package book-be-wp-pro
 */

get_header();
?>
<main id="site-main" class="site-main" role="main">
<?php
if ( have_posts() ) {

        // ループ開始 .
        while ( have_posts() ) {
                the_post();
                get_template_part( 'template-parts/content' );
        }

        // ページネーション .
        the_post_navigation();

} else {
        // コンテンツがない場合 .
        echo '<p> コンテンツがありません。</p>';

}
?>
```

```
</main><!-- #site-main -->
<?php
get_sidebar();
get_footer();
```

○the_post_navigation()
● 投稿の「次」、「前」のリンクを表示する

front-page.phpの作成

　TOPページで利用するfront-page.phpは、基本的にpage.phpと同じものを利用します。そのため、get_template_part()関数を利用して、page.phpファイルを読み込んで利用します。

　page.phpをそのまま利用するのと同じですが、今後、front-page.phpに独自の設定を加える可能性を考慮し、テンプレートを分けています 図16 。

図16 front-page.php（TOPページ）

```
<?php
/**
 * front-page.php
 *
 * @package book-be-wp-pro
 */

get_template_part( 'page' );
```

○get_template_part()
● 引数に指定したパーツテンプレートを読み込む

　なお、事例紹介詳細ページについては、Lesson5-09◐で説明します。

162ページ　**Lesson5-09**参照。

一覧ページの作成

THEME テーマ 他のページと同様に、お知らせ一覧や事例紹介一覧のような、一覧ページについてもコンテンツ部分を共通化してテンプレートを作成します。

コンテンツ部分のパーツ化

一覧ページのテンプレート実装をおこなうにあたり、詳細ページと同様にコンテンツ部分のパーツ化をおこないます。パーツ化したコンテンツ部分は content-archive.php として、template-parts フォルダ内に保存します 図1 。パーツ化したテンプレートは get_template_part() で呼び出します。

図1 content-archive.php（一覧コンテンツ部分のテンプレート）

```php
<?php
/**
 * コンテンツ部分のパーツテンプレート（アーカイブ用）
 *
 * @package book-be-wp-pro
 */
?>
<article id="post-<?php the_ID(); ?>" <?php post_class(); ?>>
    <header class="entry-header">
        <?php the_title( sprintf( '<h3 class="entry-title default-max-width"><a
        href="%s">', esc_url( get_permalink() ) ), '</a></h3>' ); ?>
        <?php if ( is_home() ) : ?>
            <p class="entry-date">投稿日: <time datetime="<?php the_time( 'Y-m-d' );
            ?>"><?php the_time( 'Y年n月j日' ); ?></time></p>
            <p class="entry-category">カテゴリー: <?php the_category( ' ' ); ?></p>
        <?php endif; ?>
    </header><!-- .entry-header -->
    <div class="entry-content">
        <?php
        the_excerpt();
        ?>
    </div><!-- .entry-content -->
</article><!-- #post-<?php the_ID(); ?> -->
```

タイトルのリンク付き出力

これまでも利用しているthe_titleについて、タイトルの前に表示する第1引数にPHPの組み込み関数であるsprintf()関数を利用しています。sprintf()関数は第1引数で設定するフォーマットに、第2引数以後の引数を返す関数です。「href="%s"」の「%s」に第2引数としてWordPressの組み込み関数で記事のURLを返すget_permalink()を利用しています。これにより記事へのリンク付きのタイトルが表示されます 図2 。

図2 content-archive.php

```php
<?php the_title( sprintf( '<h3 class="entry-title default-max-width"><a
href="%s">', esc_url( get_permalink() ) ), '</a></h3>' ); ?>
```

- ● sprintf()
- ● フォーマットに内容を返す

- ● get_permalink()
- ● 記事のパーマリンクを返す

> **memo**
> esc_url()はURLの文字列をエスケープ処理する関数です。URLには不適切な文字が混入する可能性があるため、この処理を加える必要があります。

抜粋の出力

一覧ページでタイトルと一緒に表示する抜粋は、the_excerpt()関数で表示します 図3 。

図3 content-archive.php

```php
<?php
the_excerpt();
?>
```

- ● the_excerpt()
- ● 現在の投稿の抜粋を、文末に [...] （角括弧＋三点リーダー）をつけて表示。三点リーダーで省略される文字数のデフォルトは55単語、日本語では110文字

archive.phpの作成

　一覧表示用のテンプレートを作成します。ループの中で、テンプレート化したcontent-archive.phpを呼び出します 図4 。

図4　archive.php

```php
<?php
/**
 * archive.php
 *
 * @package book-be-wp-pro
 */
get_header();
?>
<main id="site-main" class="site-main" role="main">
    <header class="archive-header default-max-width">
        <?php the_archive_title( '<h1 class="archive-title default-max-width">',
        '</h1>' ); ?>
    </header>
<?php
if ( have_posts() ) {
    // ループ開始 .
    while ( have_posts() ) {
        the_post();
        get_template_part( 'template-parts/content-archive' );
    }
    // ページネーション .
    the_posts_pagination();
} else {
    // コンテンツがない場合 .
    echo '<p> コンテンツがありません。</p>';
}
?>
</main><!-- #site-main -->
<?php
get_sidebar();
get_footer();
```

一覧用のタイトル表示

　一覧のタイトル表示にはthe_archive_title()関数を利用します。これは最新の記事一覧、月別の記事一覧、content-archive.phpのタグ別の記事一覧など、それぞれに条件分岐してある程度適切なタイトルを表示します 図5 。

図5　archive.php

```php
<?php the_archive_title( '<h1 class="archive-title default-max-width">', '</h1>' ); ?>
```

◉the_archive_title()
● 一覧のタイトルを表示。引数はthe_title()同様に前後に表示する
　文字列を設定

ページ分割

　一覧の表示において、the_posts_pagination()関数を利用すると、ページ分割のリンクを表示します 図6 。1ページあたりの記事表示件数は、「設定>表示設定>1ページに表示する最大投稿数」にて設定します 図7 ●。

208ページ　**Lesson7-01**参照。

図6　一覧ページのページ分割(ページネーション)

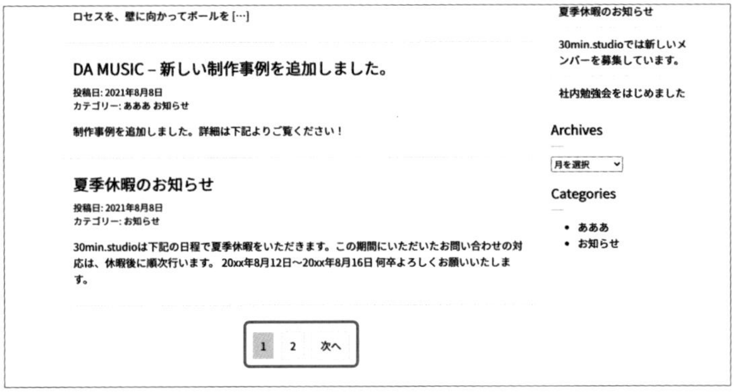

図7　1ページに表示する最大投稿数の設定

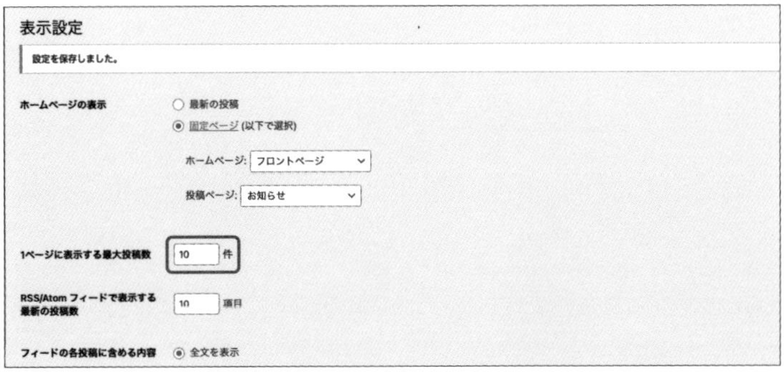

●the_posts_pagination()
●一覧にページネーションを表示

home.phpの作成

最新のお知らせページを表示するhome.phpは、archive.phpと同じものを利用するため、get_template_part()関数を利用してarchive.phpファイルを読み込んで利用します 図8 。

これはfront-page.phpを作成したときと同じ手法です●。

153ページ　**Lesson5-06**参照。

図8 home.php（最新のお知らせページ）

```php
<?php
/**
 * home.php
 *
 * @package book-be-wp-pro
 */

get_template_part( 'archive' );
```

わからないときの調べ方手順

● 公式ドキュメントを含めて調べる

「なにかを実装したいけど、やり方がぼんやりとしかわからない」。

プログラミングをおこなっていると、そんなタイミングが必ず訪れます。ただ、WordPressは世界でも日本でも非常に多くのユーザーが利用しているので、上手に検索をおこなえば、実装方法が見つかる可能性が高いです。

たとえば、アイキャッチを一覧に表示したいとします。この場合に検索としては「WordPress アイキャッチ 表示」などで検索します。すると、多くの記事がヒットします。

検索結果の最初に表示された記事を読んでみたら、幸運にも希望するコードのサンプルがあり、それを自分のテーマに入れてみたら表示されたとします。これで万事OKとなりそうですが、そこでいったん、立ち止まってください。

もしかすると、その記事は古い内容であり、今は新しい表示方法があるかもしれません。もしくは表示はされているものの、非推奨な実装方法かもしれません。ですから、最後は必ず、公式のドキュメントで確認するようにしましょう。

たとえばアイキャッチの表示の場合、おそらく検索でヒットした記事内には、アイキャッチを表示するための関数であるthe_post_thumbnail()や、アイキャッチの登録について有無を調べるhas_post_thumbnail()などが利用されているはずです。

この関数をあらためて、検索します。そうするとほぼ間違いなく公式のドキュメントがヒットするはずです。

公式ドキュメントでは、その関数のパラメータについての詳細や、利用方法のサンプルコードなどが公開されています。これらを利用してテーマに実装することをおすすめします。この方法を繰り返すと、段々と公式ドキュメントの使い方に慣れてきて、より標準的で最適な実装が身につきます。

さらに公式ドキュメントにはWordPressのコアのファイル群において、その関数がどこにどのように記述されているかも紹介されています。よりステップアップを目指す方は、こちらもあわせて確認するとさらに理解が深まることでしょう。

参考：the_post_thumbnail
https://developer.wordpress.org/reference/functions/the_post_thumbnail/

参考：has_post_thumbnail()
https://developer.wordpress.org/reference/functions/has_post_thumbnail/

08

30 min

その他のテンプレートの作成

THEME テーマ 続いて検索結果を表示するページや、ページが存在しない場合に表示する404ページ用のテンプレートを作成します。

search.phpの作成

サイト内を検索した際の検索結果を表示するページのテンプレートを作成します 図1 。

図1 検索結果表示ページ

基本的に archive.php に似た内容となります。検索キーワードをタイトルに含め、『「検索キーワード」の検索結果』という表示にするため、get_search_query()関数を利用します 図2 。

図2 search.php

```php
<?php
/**
 * search.php
 *
 * @package book-be-wp-pro
 */

get_header();

?>
<main id="site-main" class="site-main" role="main">
    <header class="archive-header default-max-width">
        <h1 class="page-title">
            「<span class="page-description search-
            term"><?php echo esc_html( get_search_
            query() ); ?></span>」の検索結果
        </h1>
    </header>
<?php
if ( have_posts() ) {

    // ループ開始 .
    while ( have_posts() ) {
        the_post();
            get_template_part( 'template-parts/
            content-archive' );
    }
```

```php
    //  ページネーション .
    the_posts_pagination();

} else {
    //  コンテンツがない場合 .
    echo '<p> コンテンツがありません。</p>';

}
?>
</main><!-- #site-main -->
<?php
get_sidebar();
get_footer();
```

◉ get_search_query()
● サイト内検索をおこなったときのクエリ文字列を返す

404.phpの作成

　表示するURLが見つからなかった場合に表示するテンプレートを作成します 図3。他のテンプレートと異なり、表示する内容が見つからない状態となるため、ループなどは利用しません 図4。

図3　404ページ

図4　404.php

```php
<?php
/**
 *  404.php
 *
 *  @package book-be-wp-pro
 */

get_header();
?>
<main id="site-main" class="site-main" role="main">
        <p> ページが見つかりませんでした。</p>
</main><!-- #site-main -->
<?php
get_sidebar();
get_footer();
```

Lesson 5
09

90 min

事例紹介の追加——カスタム投稿タイプ

THEME テーマ　事例紹介一覧ページと事例紹介詳細ページは、カスタム投稿タイプを利用します。投稿のタイプをカスタマイズするカスタム投稿タイプはWordPressでWebサイトを作成する際によく使う機能です。

カスタム投稿タイプとは

　WordPressでは、これまでに紹介した固定ページと投稿のような「投稿のタイプ」を独自に追加できます。これをカスタム投稿タイプと呼びます。本書のWebサイトではカスタム投稿タイプとして事例紹介（showcase）を作成します。

　カスタム投稿タイプは、事例紹介のように通常の投稿などとは異なる役割の情報のまとまりをあつかいたい場合、または適用するテンプレートを変更したい場合などに利用します。

カスタム投稿タイプの追加方法

　カスタム投稿タイプを追加する方法は、テーマ内のfunctions.phpなどに直接カスタム投稿タイプの設定を記述する方法と、プラグインを利用する方法があります。今回はプラグインを利用した方法を説明します。利用するプラグインは「Custom Post Type UI」です 図1。

> **memo**
> Custom Post Type UI
> https://ja.wordpress.org/plugins/custom-post-type-ui/

> **memo**
> 本書のテーマでは、データをインポートした際にプラグインはインストール&有効化済みの状態になっています。

図1　**Custom Post Type UI**

プラグインを有効化すると左メニューに「CPT UI」というメニューが表示されます。ここから「投稿タイプの追加と編集」へと進みます。「投稿タイプを編集」タブをクリックすると本書のテーマにて登録済となっている事例紹介の設定が確認できます 図2 。

図2 投稿タイプを編集

○投稿タイプスラッグ
● 投稿タイプの名前で各種クエリで利用。半角で入力。他の投稿タイプと同じ名前は設定不可

○複数形のラベル、単数形のラベル
● ダッシュボードなどで利用されるメニュー表示などに利用（本テーマでは、左メニューに「事例紹介」と表示）。英語では複数形と単数形で表記が変わる。日本語の場合は表記に変化なし

その他は、ほぼデフォルトのままで設定しています。他の投稿タイプを作成する場合や設定については必要に応じて変更しましょう。

archive-showcase.phpの作成

投稿タイプスラッグをテンプレート名に一部利用することで、投稿タイプ専用のテンプレートを作成します。一覧の場合はarchive-投稿タイプ名.phpとなります●。

120ページ **Lesson5-02**参照。

今回は、事例紹介一覧ページ 図3 として archive-showcase.php を作成して、そこから、content-showcase.php を読み込んでいます 図4 。

事例紹介一覧用のデザインは、サイドバーなし、3列表示となっているため、マークアップ自体はarchive.phpと異なります。しかし、ループの使い方や、コンテンツ部分を別パーツにわけて読み込むなどの仕組み自体ほぼ同じです。

図3 事例紹介一覧ページ

図4 archive-showcase.php

```php
<?php
/**
 * archive-showcase.php
 *
 * @package book-be-wp-pro
 */

get_header();
?>
<main id="site-main" class="site-main" role="main">

        <header class="archive-header default-max-width">
                <?php the_archive_title( '<h1 class="archive-title default-max-
                width">', '</h1>' ); ?>
        </header>
<?php
if ( have_posts() ) {

        echo '<div class="wp-block-query">';
        echo '<ul class="is-flex-container columns-3 wp-block-post-template">';

        // ループ開始 .
        while ( have_posts() ) {
                the_post();
                get_template_part( 'template-parts/content-showcase' );
        }
```

```php
        echo '</ul>';
        echo '</div>';

        // ページネーション.
        the_posts_pagination();

} else {
        // コンテンツがない場合.
        echo '<p>コンテンツがありません。</p>';

}
?>
</main><!-- #site-main -->
<?php
get_footer();
```

コンテンツ部分をパーツ化

　事例紹介一覧ページ（archive-showcase.php）のコンテンツ部分をパーツ化します。

　template-parts フォルダに content-showcase.php というファイルを作成して 図5 を記述します。

　ここで使用している関数は、一覧ページの作成で利用したものばかりです●。ここまで学んできたことを参考に、テンプレート内の関数が何をおこなっているのかを考えてみましょう。

154ページ **Lesson5-07**参照。

図5 **content-showcase.php**

```php
<?php
/**
 * コンテンツ部分のパーツテンプレート（事例紹介用）
 *
 * @package book-be-wp-pro
 */

?>

<li id="post-<?php the_ID(); ?>" <?php post_class(); ?>>
        <header class="entry-header">
                <?php
                if ( has_post_thumbnail() ) {
                        the_post_thumbnail();
                } else {
                        echo '<img src="' . esc_attr( get_template_directory_uri() ) .
                        '/assets/images/thumbnail-default.jpg">';
```

```
            }
            ?>
            <?php the_title( sprintf( '<h3 class="entry-title default-max-width"><a
            href="%s">', esc_url( get_permalink() ) ), '</a></h3>' ); ?>
        </header><!-- .entry-header -->

        <div class="entry-content">
            <?php the_excerpt(); ?>
        </div><!-- .entry-content -->

</li><!-- #post-<?php the_ID(); ?> -->
```

single-showcase.phpの作成

　事例紹介詳細ページの場合はsingle-投稿タイプ名.phpとなります。今回は、single-showcase.php⊙を作成して、そこから、すでに作成済みのcontent.phpを読み込んでいます図6。

　関連する事例紹介を表示するためにカスタム分類とサブクエリを利用していますが、こちらについては、Lesson5-10⊙とLesson5-11⊙で解説します。

120ページ **Lesson5-02**参照。

168ページ **Lesson5-10**参照。

170ページ **Lesson5-11**参照。

図6 single-showcase.php

```
<?php
/**
 * single-showcase.php
 *
 * @package book-be-wp-pro
 */

get_header();
?>
<main id="site-main" class="site-main" role="main">
<?php
if ( have_posts() ) {

    // ループ開始 .
    while ( have_posts() ) {
        the_post();
        get_template_part( 'template-parts/content' );
    }

    // ページネーション .
    the_post_navigation();
```

```php
        // 関連する事例紹介
        $related_posts_args = array(
                'post_type'      => 'showcase'
                'post_status'    => 'publish',
                'posts_per_page' => 3,
                'orderby'        => 'rand',
                'post__not_in'   => array( $post->ID ),
                'tax_query'      => array(
                        array(
                                'taxonomy' => 'genre',
                                'fields'   => 'term_id',
                                'terms'    => wp_get_object_terms( $post->ID,
                                'genre', array( 'fields' => 'ids' ) ),
                        ),
                ),
        );
        $related_posts_query = new WP_Query( $related_posts_args );
        if ( $related_posts_query->have_posts() ) :
                ?>
                <div class="related_posts">
                        <h2> 関連する事例紹介 </h2>
                        <div class="wp-block-query">


                                        中略


                <?php
        endif;
} else {
        // コンテンツがない場合 .
        echo '<p> コンテンツがありません。</p>';


}
?>
</main><!-- #site-main -->
<?php
get_sidebar();
get_footer();
```

Lesson5-11で解説

　なお、カスタム投稿タイプおよびカスタム分類を新規に追加した場合、URLよりそれぞれを表示するために、管理画面上で一度パーマリンクの設定を更新する必要があります。ダッシュボードより「設定＞パーマリンク」へと進んで、パーマリンクの設定画面を開けば、自動的に設定の更新がおこなわれます。

Lesson 5-10 (30 min)

事例紹介の追加——カスタム分類

THEME テーマ 事例紹介の使い勝手を向上させるために、カテゴリーやタグのような分類を、カスタム分類を利用して追加します。

カスタム分類とは

投稿タイプをカスタム投稿タイプで追加したように、カテゴリーやタグのような分類を追加したい場合はカスタム分類を利用します。

> **memo**
> カスタム分類はカスタムタクソノミーとも呼ばれます。

カスタム分類の追加方法

カスタム分類を追加する方法も、カスタム投稿タイプの追加と同様に、テーマ内のfunctions.phpなどに記述する方法と、プラグインを利用する方法があります。今回はプラグインを利用した方法を説明します。利用するプラグインはカスタム投稿タイプでも利用した「Custom Post Type UI」です。

プラグインを有効化したあと、「CPT UI＞タクソノミーの追加と編集」をクリックします。タクソノミーの編集タブに進むとすでに登録済のカスタム分類であるジャンルの設定が確認できます。

図1 タクソノミーの編集

● タクソノミースラッグ
● カスタム分類の名前であり、各種クエリで利用される。半角で入力し、他の分類と同じ名前は設定できない

- 複数形のラベル、単数形のラベル
- カスタム分類のラベルを設定

◎ 利用する投稿タイプ
- カスタム分類と紐付ける投稿タイプを設定。今回は事例紹介と紐付け

その他の設定はほぼデフォルトです。ただ1点、「設定」にある「階層」について紹介します 図2 。

図2 設定＞階層

◎ 階層
- 階層を真にした場合、分類に親子の階層を持たせることが可能。投稿画面で、カテゴリーと同様に、設定した分類が一覧表示される。今回は特に親子階層をもたせる必要はないものの、一覧で表示されたほうが選びやすいので採用
- 階層を偽にした場合、分類は親子階層を持たない。その場合、タグと同様に、分類の設定画面で一覧は表示されない

では、カスタム分類を実際に使ってみましょう。左メニューにある「事例紹介」から適当な投稿を開きます。すると右メニューに「ジャンル」という分類が表示されているのがわかります 図3 。

図3 事例紹介編集画面に表示されたカスタム分類

> **memo**
> 投稿の数や種類が増えてくると、既存のカテゴリやタグだけではきれいに分類できないケースがあります。そのような場合に、カスタム分類を利用すると、情報が整理されて使いやすくなります。

関連の事例紹介――サブクエリの利用

THEME テーマ 本書のWebサイトでは、関連する事例紹介を表示する機能が備わっています。この機能を例に、サブクエリの使い方を学びましょう。

関連する事例紹介を表示する条件

まずは、関連の事例紹介とはどういった条件で、どのように表示されるかを考えます。

今回、事例紹介のカスタム投稿タイプにはジャンルというカスタム分類を追加しています。このジャンルが同じ事例紹介の記事は関連性があると言えそうです。

そこで、本書のWebサイトでは、事例紹介記事の本文下に、同ジャンルの事例紹介記事を表示することにします 図1 。

図1 事例紹介詳細ページの下部に関連する事例記事が表示

関連する情報が表示される条件をまとめると以下になります。

- 事例紹介詳細ページに表示する
- 本文下に表示する
- 同ジャンルの事例紹介詳細記事を表示する
- 今表示している記事は関連記事として表示しない（重複を避けるため）

サブクエリとは

これまでは、URLを元に取得できる情報の塊からループを利用して情報の表示をおこないました。このURLから取得できる情報の塊がメインクエリです◯。それに対し、関連の事例紹介に表示するコンテンツ（タイトルやアイキャッチなど）はURLからは取得できません。

90ページ Lesson4-04参照。

このような場合、メインクエリとは異なるクエリを発行して、その部分で新たに情報の塊を取得して表示する手法を取ります。この部分の新たなクエリをサブクエリと呼びます。

サブクエリの設定方法

サブクエリを発行する関数はいくつかありますが、大きな手順は以下のとおりです。

- サブクエリのための条件を設定する
- 条件を元にサブクエリを発行する
- サブクエリで取得できた情報からループを用いて、表示をおこなう
- サブクエリをリセットして終了する

これを記述すると 図2 となります。なお、この記述はsingle-showcase.phpの24行目付近にあります◯。

166ページ Lesson5-09参照。

図2　関連する事例の情報を取得して表示するコード

```php
<?php
// 関連する事例紹介
$related_posts_args = array(
  'post_type'      => 'showcase',
  'post_status'    => 'publish',
  'posts_per_page' => 3,
  'orderby'        => 'rand',
  'post__not_in'   => array( $post->ID ),
  'tax_query'      => array(
    array(
      'taxonomy' => 'genre',
      'fields'   => 'term_id',
      'terms'    => wp_get_object_terms( $post->ID, 'genre', array( 'fields'
      => 'ids' ) ),
    ),
  ),
);
$related_posts_query = new WP_Query( $related_posts_args );
if ( $related_posts_query->have_posts() ) :
  ?>
  <div class="related_posts">
    <h2> 関連する事例紹介 </h2>
    <div class="wp-block-query">
      <ul class="is-flex-container columns-3 wp-block-post-template">
        <?php
        while ( $related_posts_query->have_posts() ) :
          $related_posts_query->the_post();
          ?>
        <li>
          <div class="wp-block-group">
            <div class="wp-block-group__inner-container">
              <?php if ( has_post_thumbnail() ) { ?>
              <figure class="wp-block-post-featured-image">
                <?php the_post_thumbnail(); ?>
              </figure>
              <?php } ?>
              <h3 class="wp-block-post-title">
                <a href="<?php the_permalink(); ?>"><?php the_title(); ?></a>
              </h3>
            </div>
          </div>
        </li>
          <?php
        endwhile;
        wp_reset_postdata();
        ?>
      </ul>
```

①　②　③　④

```
        </div>
      </div>
      <?php
  endif;
```

❶サブクエリのための条件を設定する

　最初に連想配列として、サブクエリに必要な条件を設定します
図3 。条件を列記すると以下のようになります。

- 事例紹介の記事
- 公開済
- ランダム順
- 現在表示している記事は除外
- 現在の記事に設定されているジャンルのIDと同じジャンルIDに
  該当

図3　条件の連想配列

```php
$related_posts_args = array(
  'post_type'      => 'showcase',
  'post_status'    => 'publish',
  'posts_per_page' => 3,
  'orderby'        => 'rand',
  'post__not_in'   => array( $post->ID ),
  'tax_query'      => array(
    array(
      'taxonomy' => 'genre',
      'fields'   => 'term_id',
      'terms'    => wp_get_object_terms( $post->ID, 'genre', array( 'fields' => 'ids' ) ),
    ),
  ),
);
```

◎ post_type
- 取得する投稿タイプを設定
- showcaseを設定することで、事例紹介の記事に限定

◎ post_status
- 取得する記事のステータス
- publishを設定することで、公開済みの記事のみに限定

- posts_per_page
- 取得する件数
- 3件に設定

- orderby
- 取得した記事の並び順
- randを設定することで、順番をランダムに設定

- post__not_in
- 除外する記事
- array($post->ID)と設定することで、現在の記事を除外

- tax_query
- 分類の条件を連想配列にて設定し、現在の記事と同ジャンルの記事だけに限定
- taxonomy：該当の分類を設定。ここではgenreとしてジャンルに該当する記事に設定
- fields：限定する分類の項目を設定。ここではterm_idとして該当の項目を分類IDに設定
- terms：分類として限定する特定の分類IDを設定。ここでは wp_get_object_terms($post->ID, 'genre', array('fields' => 'ids')) として現在の記事に設定してあるジャンルのIDを設定

memo
設定できる条件は多数あるのでリファレンスサイトを参考にしてください。
https://developer.wordpress.org/reference/classes/wp_query/

❷条件を元にサブクエリを発行する

WP_Queryクラスを利用して、サブクエリ発行時に取得できた情報の塊を変数$related_posts_queryに代入します 図4 。

memo
wp_get_object_terms()関数は、分類のIDを取得する関数です。第1引数に分類を取得する対象のIDを指定します。ここでは$post->IDとして、表示している記事のIDを取得しています。第2引数は分類のスラッグで、ここでは'genre'としています。第3引数は戻り値の種類で、array('fields' => 'ids')として分類のIDを指定しています。

図4 **サブクエリで取得した情報の塊を変数に代入**

```
$related_posts_query = new WP_Query( $related_posts_args );
```

❸サブクエリで取得できた情報からループを用いて表示

取得できた内容を元にwhileでループを回し、その中からアイキャッチやタイトルなどの情報を表示します 図5 。ループ内の書き方はこれまでに学習した方法と同じです。

memo
$related_posts_query->have_posts()、$related_posts_query->the_post()とすることで、WP_Queryで新たに取得したクエリに対してhave_posts()とthe_post()を実行してループできます。$related_posts_query->を付けないと、メインクエリでのループになってしまう点に注意しましょう。

図5 whileでループして情報を表示

```php
<?php
while ( $related_posts_query->have_posts() ) :
  $related_posts_query->the_post();
  ?>
<li>
  <div class="wp-block-group">
  <div class="wp-block-group__inner-container">
    <?php if ( has_post_thumbnail() ) { ?>
    <figure class="wp-block-post-featured-image">
    <?php the_post_thumbnail(); ?>
    </figure>
    <?php } ?>
    <h3 class="wp-block-post-title">
    <a href="<?php the_permalink(); ?>"><?php the_title(); ?></a>
    </h3>
  </div>
  </div>
</li>
  <?php
endwhile;
```

❹サブクエリをリセットして終了する

　サブクエリを発行し、ループにて情報を表示させたら、wp_
reset_postdata()関数でクエリのリセットを必ずおこないます
図6。リセットをおこなわない場合、メインクエリに影響などを
及ぼし、この処理以後の情報の表示が予想外の内容になる場合が
あります。サブクエリを利用した場合は必ずリセットを実施しま
しょう。

図6 サブクエリをリセット

```php
wp_reset_postdata();
```

WordPress コーディング規約について

● 一緒に作業する人のために、今後の自分のために

Web制作を続けていくと、たくさんのソースコードを書いていくことになります。その中でぜひ心がけたいのが、ソースコードの読みやすさ（可読性）を保つということです。

インデントなどが揃ったソースコードは、そうでないソースコードと比べると、わかりやすさに大きな違いが出ます。そして、わかりやすさはコーディングのミスを減らすことにも大いに役立ちます。コメントを適切に残すこともとても大切です。今は覚えているコードも、時間が経過すると「何のためのコードだったか」忘れてしまいます。そんなときにコメントがあれば、実装内容を理解する助けになります。

また、チームでコーディングのルールが共有されていれば、すべてのファイルはまるで一人のプログラマーが開発したかのように統一され、わかりやすい物になります。

こういったコーディングのためのルールをコーディング規約と呼びます。WordPressにはWordPress独自のコーディング規約があります。今回のサンプルテーマについてもWordPressコーディング規約に従って記述しています。

ここではWordPressのコーディング規約より、PHPコーディング規約の一部を紹介します。

インデントについて

・本物のタブを利用し、スペースを利用しない
・コードブロックでは、必要に応じてスペースを利用する

```
add_theme_support(
        'custom-logo',
        array(
                'height'              => $logo_height,
                'width'               => $logo_width,
                'flex-width'          => true,
                'flex-height'         => true,
                'unlink-homepage-logo' => true,
        )
);
```

命名規則について

変数、アクション、関数の名前にはアルファベット小文字を使います。camelCase（各単語や要素の先頭を大文字にする表記手法）は使いません。単語はアンダースコアで区切ります。

参考：WordPress コーディング規約
　　　 – Japanese Team
https://ja.wordpress.org/team/handbook/coding-standards/wordpress-coding-standards/

参考：WordPress インラインドキュメント規約
　　　 – Japanese Team
https://ja.wordpress.org/team/handbook/coding-standards/inline-documentation-standards/

プラグインで
カスタマイズ

WordPressではプラグインを追加して機能を拡張していきます。ここでは、実際にWeb構築をおこなう際におすすめとなるプラグインとその使い方について解説します。

読む ＞ 準備 ＞ 制作 ＞ カスタマイズ ＞ 運用 ＞

サイトの設定を強化する プラグイン

Lesson 6
01
60 min

WordPressサイトの設定を拡張し、より手軽・強力に様々なことがおこなえるようにできるプラグインをいくつかご紹介します。

投稿記事の複製が手軽に行えるプラグイン

「Yoast Duplicate Post」は、投稿や固定ページといった記事の複製機能について拡張してくれるプラグインです。面倒な設定もなく、手軽に複製がおこなえます。

プラグインの追加画面より「Yoast Duplicate Post」と検索してインストールします。プラグインを有効化したら、「左メニュー＞設定＞Duplicate Post」から設定をおこなえます 図1 。

「複製元」のタブからは、主に複製した記事についての設定がおこなえます。

たとえば「複製する投稿/ページの要素」というチェックボックス群では、記事データのうち複製するものとしないものを設定できます。その他の部分については、好みで設定をおこなってください。必要がなければ特に設定しなくてもよいでしょう。

図1 Yoast Duplicate Post

カスタム投稿タイプを複製する設定

「権限」タブからは投稿タイプの設定がおこなえます 図2 。「これらの投稿タイプに対して有効化」でそれぞれ、複製を有効/無効の切り替えをおこなうことができます。

図2 権限タブ

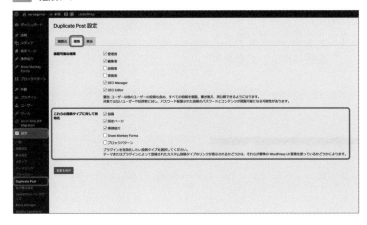

コメントを手軽に無効化するプラグイン

「Disable Comments」は投稿のコメントを手軽に無効化したいときに便利です。

プラグインの追加画面より「Disable Comments」と検索してインストール・有効化します。有効化したあと、「左メニュー>設定>Disable Comments」で設定をおこないます 図3 。この設定から「どこでも」を選択すると一括でコメント機能をオフにできます。詳細に設定をおこなうこともできますが、特に理由がなければ「どこでも」を選択しておけばよいでしょう。

図3 Disable Commentsの設定

記事の並び替えをドラッグで行えるプラグイン

投稿一覧や固定ページ一覧を開いた時、記事は投稿日順に並んでいます。「Intuitive Custom Post Order」は、記事の順番をドラッグで並び替えられるプラグインです。

プラグインの追加画面より「Intuitive Custom Post Order」と検索してインストール・有効化します。有効化したら 左メニューの「設定＞並び替え設定」より設定をおこないます 図4。並び替えを有効化したい投稿タイプやタクソノミーを選択したら、更新を押して保存します。

図4 Intuitive Custom Post Order

設定を更新したら、投稿一覧へ移動してみましょう。

カーソルが十字のような形になったら、ドラッグで記事を並び替えることができます 図5。

図5 ドラッグで並び替えられる

画像を劣化させることなく圧縮するプラグイン

「EWWW Image Optimizer」は、WordPressにアップロードした画像データを、画質を劣化させることなくサイズを圧縮してくれるプラグインです。

プラグインの追加画面より「EWWW Image Optimizer」と検索し

てインストール・有効化します。インストールして有効化したあと、左メニューの「設定＞EWWW Image Optimizer」をクリックします。

　初回の設定時には、プラグインを使用する目的や無料モードのまま使用するかどうか、といった設定画面が出てきます。とりあえずは「今は無料モードのままにする」を選択します 図6 。

図6　EWWW Image Optimizer

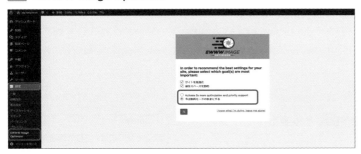

　初期設定が終わると通常の設定画面に入れます。通常はほとんど設定を変更しなくても大丈夫ですが、一つだけ設定を変更しておきましょう。設定画面の「基本」タブの下、「Enable Ludicrous Mode」を選択するとさらに多くのタブが出てきます。この中の「変換」タブを選択し、「変換リンクを非表示」にチェックを入れて保存します。この設定をおこなうことで、拡張子が意図せず変更されることを防ぎます 図7 。

図7　拡張子の意図しない変更を防ぐ

Lesson 6
02
SEO改善のためのプラグイン

THEME テーマ

Webサイトを運営していく上でSEO対策は重要です。「Yoast SEO」はSEO改善に特化した、非常に人気の高いプラグインです。OGPの設定やパンくずリストをはじめとして、幅広い設定をおこなうことができます。

Yoast SEOの基本的な設定

プラグインの追加画面より、「Yoast SEO」と検索して、インストールと有効化をおこないます。

有効化をおこなうと左メニューに「SEO」という項目が出現します 。

> **memo**
> Yoast SEOには、さらに詳細な設定が可能な有料版のPremiumがあります。価格は2021年9月時点で＄89（約1万円）です。

図1 Yoast SEO

まずは左メニューにある「検索での見え方」をクリックします 図2 。すると複数のタブが表示されます。「一般」タブでは基本的なホームページのSEOタイトルにまつわる設定やメタディスクリプションなどが設定できます。

Webサイトのホームページを固定ページに設定している場合、ホームページのタイトルとディスクリプションを設定するには「ホームページと投稿ページ＞ホームページ自体を編集」のリンクをクリックします。

図2　検索での見え方の設定

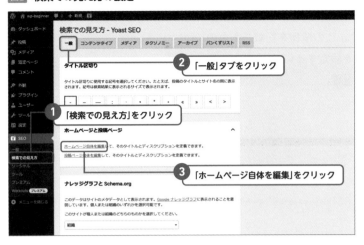

　クリック後、ホームページに設定した固定ページの編集画面が表示されます。すると、スクロールしたページの最下部に「Yoast SEO」の設定画面が表示されます。「SEO」タブで、スラッグやメタディスクリプションの設定がおこなえます 図3 。

図3　検索での見え方の設定

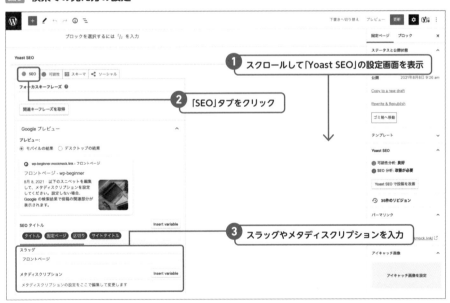

　「検索での見え方」画面に表示されている、「一般」以外の「コンテンツタイプ」「メディア」「タクソノミー」「アーカイブ」タブでは、各ページの設定について細かく管理がおこなえます。詳細で高度な設定が可能ですが、基本的には初期値のままで問題ありません。

OGP設定

SNSでシェアされたときに、そのページのタイトル・URL・画像・概要といった情報が掲載されています。この情報を記載したものを「OGP」と言います。シェア時の情報を設定するには、左メニューから「SEO＞ソーシャル」を選択します 図4 。

図4 ソーシャル

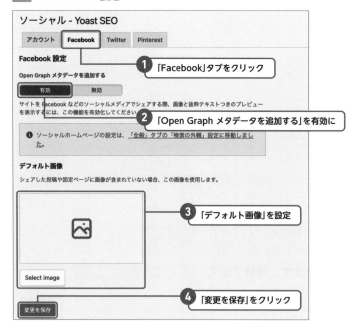

まず「Facebook」のタブを設定します。「Open Graph メタデータを追加する」が「有効」となっていれば、シェアされたときの表示設定ができるようになります。

「デフォルト画像」を設定しておくと、シェアされたページにアイキャッチなどの画像がない場合に表示される画像をあらかじめ設定できます 図5 。

図5 Facebookの設定

続いて「Twitter」のタブを設定します。

「Twitter cardのメタデータを追加」が有効になっているとシェア
されたときの表示設定が可能です。デフォルト画像は、Facebook
の際に設定したものと同じですが、Twitterの設定では画像サイズ
を2種類から設定できます。最近は大きなサイズでシェアされる
ことが多いので、「大きな画像付きの概要」を選択しておきましょ
う 図6 。

図6 Twitterの設定

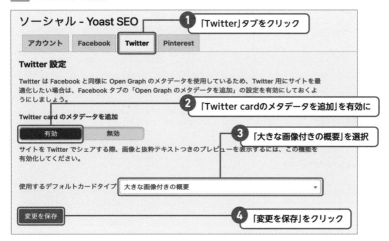

パンくずリストの設定

パンくずリストはWebサイトの訪問者に現在表示されている
ページとその上層のページのナビゲーションリンクを設置し、訪
問者がサイト内を回遊する手助けをおこないます。

個別の記事からトップページに戻ったり、カテゴリーの一覧
ページなどにたどり着くのが容易になります。

Yoast SEO では、このパンくずリストを簡単にテーマに表示す
ることができます。

左メニューから「SEO＞検索での見え方＞パンくずリスト」と進
みます 図7 。

図7 パンくずリスト

通常、テーマ上でこのパンくずリストを使用するには、下記の
コードをテンプレートの任意の場所に貼り付けます 図8 。

図8 パンくずリストを使用するためのコード

```php
<?php
if ( function_exists('yoast_breadcrumb') ) {
  yoast_breadcrumb( '<p id="breadcrumbs">','</p>' );
}
```

　本書のテーマでは、Lesson5で完成したテンプレートにあわせて、図9のコードを少し改良してクラスを付与してスタイルを当て、header.phpの</nav>の閉じタグと</header>タグの間に挿入しています。また、トップページでは表示されないよう、条件を追記します。

図9 コードを改良（header.php 38行目付近）

```
</nav>
 <?php
 if ( function_exists( 'yoast_breadcrumb' ) && ! is_front_page() ) {
  ?>
  <div class="breadcramb">
  <?php yoast_breadcrumb( '<p id="breadcrumbs">', '</p>' ); ?></div>
 <?php } ?>
</header>
```

　これで、パンくずリストを表示することができました 図10 。

図10 パンくずリストの表示

Lesson 6

03

60 min

エディターを支援する
プラグイン

THEME
テーマ

プラグインのなかには、ブロックエディターの機能を拡張し、さらに便利に使用できるようにするものがあります。ここでは、ブロックの管理ができるプラグインと、自分で「ブロックパターン」を作成できるプラグインについてご紹介します。

ブロックの表示管理ができるプラグイン

WordPressのブロックエディターは、多種多彩なブロックの種類が魅力的ですが、同時に数が多すぎて管理に困る場合もあります。そこで、使わないブロックについては非表示にしておくプラグインとして「Gutenberg Block Manager」図1 を使います。これまでと同様の手順で、プラグインの追加画面よりインストールして、有効化します。

図1 Gutenberg Block Manager

ブロックの表示と非表示を設定する

左メニューの「設定」から「Block Manager」をクリックします。すると設定画面が表示されます図2。

図2 Block Managerの設定画面

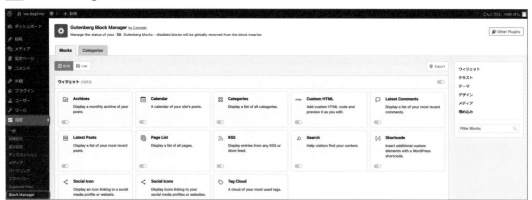

「Blocks」のタブでは、デフォルトのブロックからプラグインで追加されたブロックについて、一つ一つに表示/非表示 を設定することができます。試しに、「テキスト」カテゴリーのブロックをシンプルに設定してみましょう 図3 。

図3 「テキスト」カテゴリーを設定

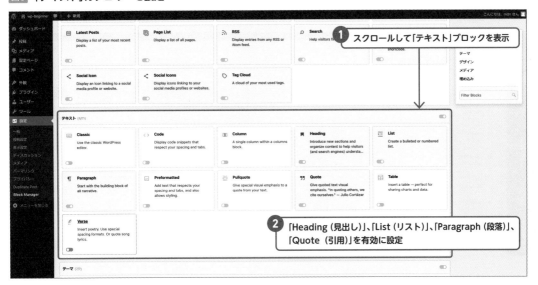

設定が終わったら、「新規投稿」を作成して、左上のブロック挿入ツールを切り替える「+」マークをクリックすると、有効に設定した項目のみが表示されます 図4 。

図4 左：設定前（デフォルト） 右：設定後

ブロックが属するカテゴリを変更する

「Categories」タブでは、それぞれのブロックが属するカテゴリ
の変更がおこなえます。ここでは試しに「画像（image）」ブロック
のカテゴリを「メディア」から「デザイン」へ変更してみましょう
図5。

図5 カテゴリを変更

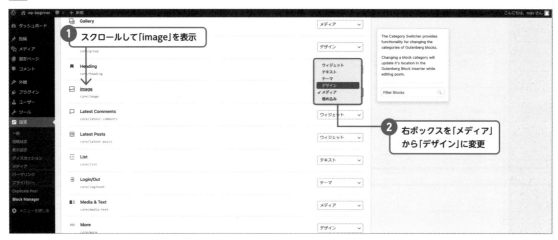

投稿画面で確認すると、「画像」ブロックのカテゴリが変更され
ています 図6。

図6 左：設定前（デフォルト）　右：設定後

　カテゴリを元に戻したい場合は再度設定しなおすか、もしくは
すべてデフォルトの状態に戻す場合、設定画面の右側にある
「Reset Categories」のリンクをクリックします 図7 。

memo
「Reset Categories」のリンクは設定を
変更して画面を切り替えた後に表示さ
れます。

図7 設定をリセット

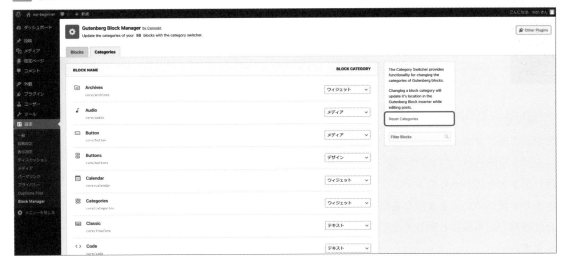

ブロックパターンを作成できるプラグイン

　「Custom Block Patterns」は、自分でブロックパターンを作成で
きるプラグインです 図8 。

図8 Custom Block Patterns

　インストールと有効化が終わると、左メニューに「ブロックパ
ターン」という項目が出現します。「新規追加」をクリックして、新
しくブロックパターンを作成してみましょう 図9 。

図9 ブロックパターンの「新規追加」

「新規追加」をクリックすると、投稿記事と同じ画面が表示されます。ここでブロックパターンを作成します。

タイトル部分が「ブロックパターンの名前」となります。あとで呼び出すときにわかりやすいよう、そのブロックパターンが何であるかが簡単にわかるような名前がよいでしょう。パターンの中身は通常の記事投稿と同じ画面で、ブロックを組み合わせて編集します。

図10 はH2の見出しブロックと、3カラムの「カラムブロック」の中にそれぞれ「画像ブロック」と「リストブロック」を入れたものです。これをブロックパターンとするには、右にある「公開」ボタンをクリックします。

図10 ブロックパターンの作成

ブロックパターンが使用できるか試しましょう。「新規投稿」を作成して左上にある「+」からブロックのメニューを呼び出します。ブロック挿入ツールを開き、「パターン」の中のプルダウンメニューを確認すると「CUSTOM BLOCK PATTERNS」というカテゴリーができているのがわかります 図11。

図11 パターンの呼び出し

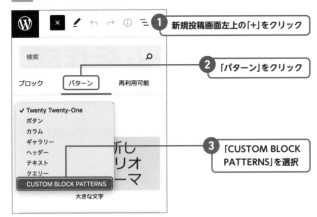

1 新規投稿画面左上の「+」をクリック

2 「パターン」をクリック

3 「CUSTOM BLOCK PATTERNS」を選択

　このカテゴリーを選択すると、先ほど作成したブロックパターンが登録されています。このブロックパターンをクリックすると、記事の中にブロックが配置されます **図12**。

図12 ブロックパターンの配置

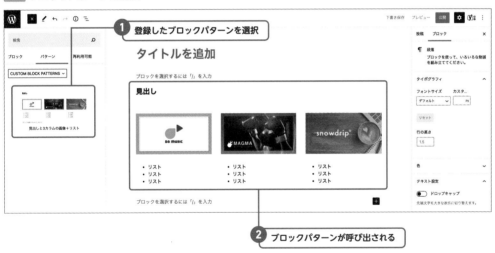

1 登録したブロックパターンを選択

2 ブロックパターンが呼び出される

　このように、画像と段落、リンクボタンなどのよく使う組み合わせがあれば、あらかじめブロックパターンに登録しておくと、効率的に編集を行うことができます。

Lesson 6 04 プラグインを利用して お問い合わせフォームを作成

THEME テーマ 「Snow Monkey Forms」というプラグインを利用して、Webサイトに問い合わせフォームを追加してみましょう。

お問い合わせフォーム作成プラグイン

「Snow Monkey Forms」は、ブロックエディタ用に作られたお問合せフォーム作成プラグインです。フォームの項目の増減が簡単にできたり、確認画面のあるなしを選べるなど、訪問者にとっても使い勝手のよいフォームを手軽に作ることができます 図1 。

図1 Snow Monkey Forms

今回作成するフォーム

今回作成するお問合せフォームは、訪問者の名前・Eメールアドレス・電話番号・任意のメッセージを入れられるものにします。今現在の状態を知らせるプログレストラッカーと、確認画面を経て送信する仕様に設定します。

また、フォームのデザインはサイトデザインにあわせて変更します 図2 。

図2 「Snow Monkey Forms」で作成したお問い合わせフォームの例

管理画面からフォームを新規作成する

　それでは実際に作成していきましょう。プラグインをインストールして有効化すると、左メニューに「Snow Monkey Forms」の項目が出現します **図3** 。

図3 「Snow Monkey Forms」の管理画面

タイトルはフォーム自体につけられる名前です。ページに
フォームを埋め込む時、どのフォームを埋め込むか選択する際に
表示されるので、わかりやすい名前にしましょう。今回は「お問
い合わせ」と設定します。

フォームの追加・移動・削除

新規フォームにはあらかじめ、「お名前・Eメール・メッセージ」
の要素が入っています。

ここに「電話番号」のフォームを追加します。フォームを追加し
たい部分（今回は「Eメール」と「メッセージ」の間）にマウスカーソ
ルを運ぶと、中央に「+」マークのついた青いラインが浮かび「項目
を追加」と出ます。ここでマークをクリックすると、ブロックと
ブロックの間に新しく入力エリアを追加することができます図4。

> **memo**
>
> この方法でうまくいかない場合（青いラ
> インが浮かばない場合）は、いったんメッ
> セージの下まで移動し、「項目を追加」の
> ボタンをクリックしてください。

図4 フォームの追加

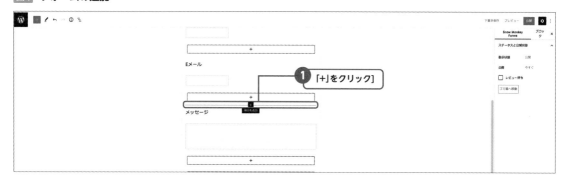

新しい項目が出てきたら、まずはラベルを入力します。このエ
リアには何を入力すべきかを訪問者へ知らせるラベルなので、今
回は「お電話番号」と入力します。

ラベルを入力したら、文字を入力するためのテキストエリアを
用意するため「説明」の下にある「+」マークをクリックします。

図5 「ラベル」を入力

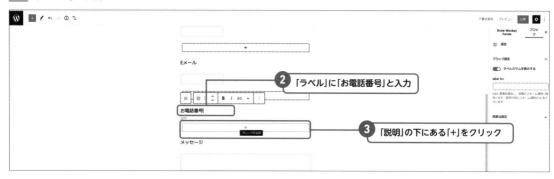

クリックすると、ブロック入力のウインドウが表示されます 図6。ここで「すべて表示」をクリックします。

図6 ブロック入力のウインドウが表示

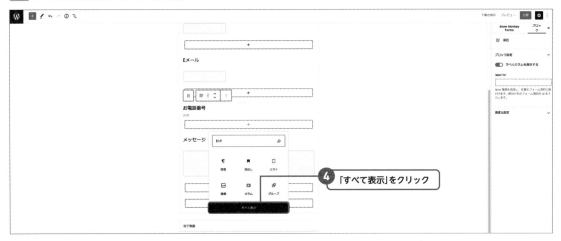

左上にブロック挿入ツールが表示されます、検索に「Snow Monkey Forms」と入力すると、Snow Monkey Forms用に準備された入力パーツのブロックが一覧で出てきます。今回追加するフォームは電話番号用なので「tel」ブロックを追加します 図7。

図7 「tel」ブロックを追加

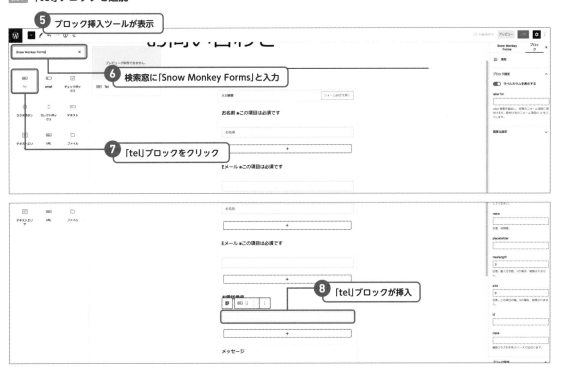

なお、フォームに使えるブロックの役割は 図8 のようになります。

図8 フォームに使えるブロック

ブロックの名前	役割
テキスト	文字を1行入力
テキストエリア	文字を複数行入力
email	メールアドレスの入力
URL	URLの入力
tel	電話番号の入力
チェックボックス	複数選択できるチェックボックスの表示
ラジオボタン	どれか一つを選択できるラジオボタンの表示
セレクトボックス	プルダウンメニューで選択できる
ファイル	ファイルを添付する　※添付できる容量の上限はサーバーの設定による

フォームの細かい設定をおこなう

　電話番号エリアを追加できたら、フォームについての細かい設定をおこないましょう。

　フォーム全体の上部にある、「フォーム設定を開く」をクリックします。すると右側にフォーム自体の設定が表示されます 図9 。

　それぞれ、以下のように設定しましょう。

- ●確認画面を使用する：フォームの送信の前に入力内容の確認画面を設けるか否かの設定。今回はONに設定
- ●プログレストラッカーを使用する：「入力」「確認」「送信」といった、現在の画面がどの部分にあたるかの案内表示を出すか否かの設定。今回はONに設定
- ●フォームのスタイル：4種類のスタイルが設定可能。今回は「Letter」を使用
- ●各ボタンラベル：「確認」「戻る」「送信」それぞれのボタンのラベルを変更

図9 フォーム設定

次に、入力フォームそれぞれの設定をおこないます。

「お名前」の下のテキストブロックをクリックして、選択します。
すると右側の表示が変化します 図10 。主な設定項目は以下にな
ります。また、必須項目である「お名前」「Eメール」「メッセージ」
には、「※この項目は必須です」とラベルに追記しておきましょう。

- バリデーション：この部分への入力を必須にするか否か。ここ
  では必須と設定
- name：半角英数で入力。自動返信メールの設定をおこなう際
  にも使用。今回はデフォルト
- value：デフォルトで入力されている文字を設定。今回は未設定
- placeholder：入力補助用のテキストを設定。今回は未設定
- maxlength：最大文字数を設定。今回はデフォルトの0のまま
- size：入力欄のサイズを設定。今回はデフォルトの0のまま
- id/class：フォームに固有のidやclassを設定。今回は未設定

図10 「お名前」フォームの設定

なお、 図8 にあるチェックボックスやラジオボタンなどのブ
ロックを使用する場合、選択項目の設定もここでおこないます
図11 。

図11 チェックボックスの設定

　今回は「電話番号」以外の項目を「バリデーション」で必須にしま
す。ここまで入力が終わったら、右上の「公開」ボタンを押し、
フォームを保存します。

固定ページにフォームを設置する

　それでは実際にお問合せフォームを設置します。
「固定ページ＞新規追加」と進みます。ページのタイトルは「お問
い合わせ」、プラグインの「Yoast SEO」を有効化している場合は、
スラッグに「contact」と入力します 図12 。

図12 固定ページにフォームを設置

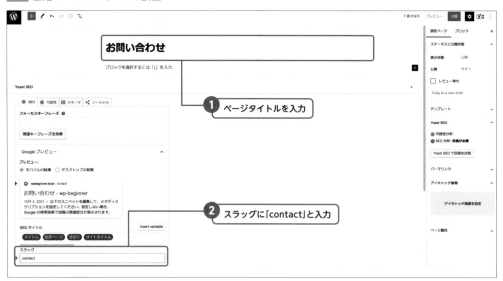

「Snow Monkey Forms」で作成したフォームは、ブロックの形
で呼び出せます。

ブロック挿入ツールを開き、検索に「Snow Monkey Forms」と
入力します 図13 。

図13 作成した問い合わせフォームを呼び出し

ブロックを設置すると、フォームを選択してくださいというプ
ルダウンが現れます。先ほど作成した「お問い合わせ」を選択して
「公開」をクリックします 図14 。見た目の調整は必要ですが、こ
れでひとまずフォームは完成しました。

図14 作成した「お問い合わせ」フォームを選択

送信メールテンプレートの編集とフォームの動作確認

　次は、フォームを送信したとき、Webサイトの管理者と訪問者自身に送信されるメールの設定を行います。

　左メニューで「Snow Monkey Forms」を選択して、先ほど作成した「お問い合わせ」をクリックします。続いて「フォームの設定を開く」をクリックして、右側の編集画面を確認します 図15 。すると「管理者宛メール」と「自動返信メール」の2種類の設定があることがわかります 図16 。

図15 編集画面の表示

図16 送信メールの設定（左：管理者宛メール　右：自動返信メール）

それぞれの設定については以下の通りです 図17 。

図17 送信メールの設定項目

項目名	設定内容
To（メールアドレス）	メールの宛先です。管理者メールの場合は、サイト管理者のアドレスに設定します。自動返信メールの場合は、訪問者に入力させた email フィールドの name を使い、{name} のように中括弧で囲みます。デフォルトのままであれば、{email} と設定しておけば OK です。
件名	メールのタイトルです。
body	メールの本文になります。デフォルトでは {all-fields} と入っていますが、これはすべてのフォームの内容を表示できます。その他、フィールドの name を使い、{name} の形式で入力するとそれぞれのフィールドの値を引用できます。たとえば、「（送信元の名前）さん、お問い合わせありがとうございます。」としたい場合、下記のように入力します。 {fullname} さん、お問い合わせありがとうございます。
from	メールの送信元のアドレスです。
送信者	メールの送信元の名前を設定できます。

今回は管理者通知の送信先を「beginner@example.com」と設定しておきます。

それでは実際にお問い合わせの送信テストを行ってみましょう。現在 Web サイトを作っているのは「Local」上なので、メールは外部に送信されません。ただ、「Local」にはメール送信テストツールの「MailHog」というツールが搭載されているので、今回はそれを使用して送信テストをおこないます。

まずは左メニューから固定ページの一覧を表示して、作成した「お問い合わせ」ページを表示します 図18 。

> **memo**
> 設定するnameは、テキストブロックを選択すると右メニューの属性に表示されます（P199）。

図18 編集画面の表示

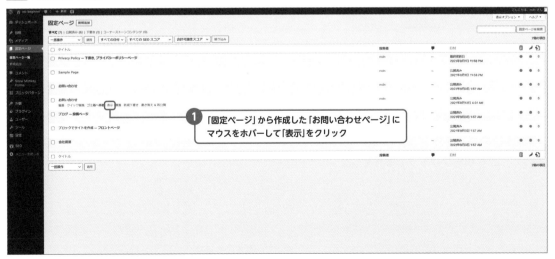

1 「固定ページ」から作成した「お問い合わせページ」にマウスをホバーして「表示」をクリック

Webサイトのお問い合わせページに行き、項目を入力した上で
確認・送信ボタンを押すところまでおこないます。Eメールには
「beginner@example.com」、名前とメッセージは任意のものを入
力して、送信ボタンを押してください。

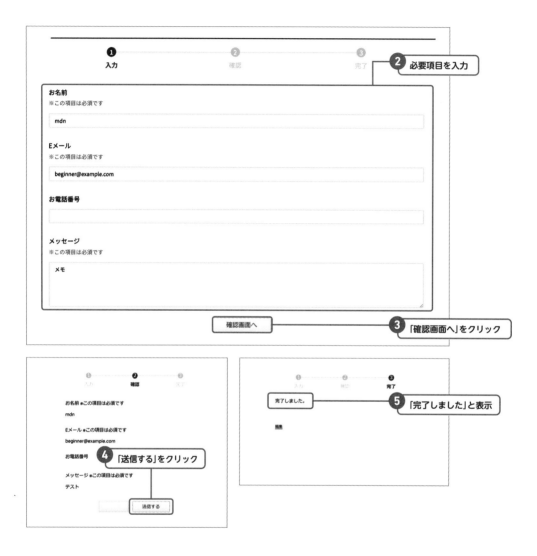

送信が完了した旨のメッセージが出たら、「MailHog」にて確認
をおこないましょう。

「Local」の操作画面を出します。

「TOOLS」のタブを押すと、「OPEN MAILHOG」というリンクがあ
るので、こちらをクリックします 図19 。

図19 「MailHog」を表示

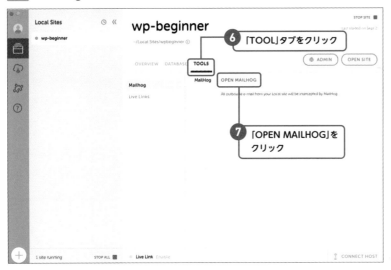

すると **図20** のような画面が開き、さきほどのお問い合わせを送信したことに対する管理者への通知メールが送信されていることがわかります。

図20 通知メールの履歴

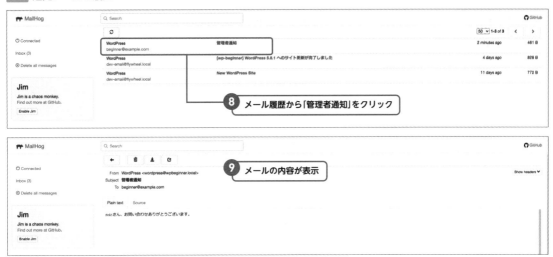

CSSで見栄えを整える

それでは最後に、フォームの見た目を整えていきましょう。

style.cssの末尾から、**図21** の通り入力して、入力部分の色やボタンを整えます。表示すると冒頭の **図2** で紹介した問い合わせフォームが完成します。

図21 お問い合わせページ用CSS

```css
/*Snow Monkey Forms*/

/* フォームの色などの設定 */
.smf-form .smf-item .smf-text-control__control,
.smf-form .smf-item .smf-textarea-control__control {
        border-radius: 0;
        border:none;
        box-shadow:none;
        border-bottom: 1px solid #f3dd91;
        background-color: rgba(247,207,70,0.1);
}

/* フォームの hover 時の設定 */
.smf-form .smf-item .smf-text-control__control:hover,
.smf-form .smf-item .smf-textarea-control__control:hover {
        border-bottom: 1px solid #f7d046;
        background-color: rgba(247,207,70,0.2);
}

/*active 時の設定 */
.smf-form .smf-item .smf-text-control__control:active, .smf-form .smf-
item .smf-text-control__control:focus, .smf-form .smf-item .smf-text-
control__control:focus-within, .smf-form .smf-item .smf-text-control__
control[aria-selected=true], .smf-form .smf-item .smf-textarea-control__
control:active, .smf-form .smf-item .smf-textarea-control__control:focus,
.smf-form .smf-item .smf-textarea-control__control:focus-within, .smf-
form .smf-item .smf-textarea-control__control[aria-selected=true] {
        border-bottom: 1px solid #f7d046;
}

/* ボタンの設定 */
.smf-action .smf-button-control__control {
        background-color: #f7d046;
        background-image:none;
        border: none;
        color: #000;
        font-weight: bold;
        letter-spacing: 0.05em;
        padding: 1rem 4rem;
        border-radius: 8px;
}

/* 必須項目の文字色を目立たせる */
.smf-item__description {
        color:#ff8484;
}
```

細かなカスタマイズの
レシピ

クエリやフックなどを用いたWordPressのカスタマイズ方法について解説します。PHPの知識が必要な部分もあるので、少々難しいかも知れませんが、プロとして活躍するには必要な知識となるので頑張って身につけてください。

読む 〉 準備 〉 制作 〉 カスタマイズ 〉 運用 〉

Lesson 7

01

ページ分割への対応

THEME テーマ 投稿などにあるページネーションは独自タグを利用して出力しています。ここでは、独自タグを利用した長文の投稿を2つに分割する方法を解説します。

投稿を分割するwp_link_pages()

長文にわたる投稿を1Pで表示するのではなく、「続きは次のページ」などと分割して表示する場合があります。このような場合には独自タグであるwp_link_pages()を利用します 図1。

なお、本書のテーマではwp_link_pages()を /template-parts/content.phpに記述してあります（P150）。

図1 wp_link_pages()

```
if ( is_single() ) {
        // ページ分割への対応
        wp_link_pages();
}
```

content.phpでは、ページ分割への対応として 図2 のように記述しています。表示例は 図3 となります。

図2 本テーマにおけるwp_link_pages()の記述

```
if ( is_single() ) {
        // ページ分割への対応 .
        $link_pages_args = array(
                'before'         => '<p class="entry-link-pages">',
                'next_or_number' => 'next',
        );
        wp_link_pages( $link_pages_args );
}
```

図3　ページ分割の表示例

　wp_link_pages()には連想配列型の引数をひとつ与えることができます。連想配列の中では 図4 のようなパラメータを指定できます。他にも指定可能なパラメータがありますので、公式のドキュメントを確認してみてください。なお、引数を設定しないデフォルトの状態では 図5 のように表示されます。

> **memo**
> WordPress日本語版では、翻訳が当てられて「Pages」は「固定ページ」、「next」は「次のページ」と表示されます。

図4　wp_link_pages()のパラメータ

パラメータ	条件の内容	指定がない場合
before	リンクの前に出力するテキストやHTMLタグ	\<p>Pages:
after	リンクの後に出力するテキストやHTMLタグ	\</p>
next_or_number	リンクをページ番号にするか、前後へのテキストにするか	number（ページ番号）
echo	HTMLを出力するか、返り値として返すか	true（出力する）

図5　変更前の表示

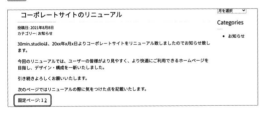

> **memo**
> https://wpdocs.osdn.jp/テンプレートタグ/wp_link_pages

本書におけるwp_link_pages()の設定

　今回のWebサイトはコーポレート向けなので、ひとつの投稿でページ区切りが複数必要となる長文はあまり想定しておらず、最大で2Pとしています。そのため、ページ番号ではなく前後へのテキストに出力内容を変更して、「前のページ」と「次のページ」と表示されるようにします。また、CSSがあてやすいように独自のクラス属性を追加しています。

　このように引数を与えることで出力内容や返り値をカスタマイズできる独自タグはたくさん存在します。独自タグを利用するときに一度調べてみると、カスタマイズの幅が広がります。

ショートコード

THEME
テーマ

投稿などの本文を管理画面から入力する際、一部動的なコンテンツを入れ込みたいと思うときがあります。独自のショートコードを作成して、本文中に動的コンテンツを入れ込みましょう。

ショートコードとは

　ショートコードは、本文の中に動的なコンテンツを入れ込むことができるWordPressの機能です。通常、本文中でPHPを動かすことはできませんが、独自のショートコードを作成しておけば、本文中の好きな場所で好きなPHPコードを実行できます。

　ショートコードは [gallery] や [caption] のように、[] の中にショートコードの名称を記述したものを、本文中の実行したい場所に入力すると動作します。[gallery id="1"] のように属性を渡すことも可能で、渡した値は PHP コードの中で利用できます。また、[caption]<img src="…"> キャプション [/caption] というようにテキストを囲って利用することもできます。

ショートコードを作成する

　Lesson5-11では、サブクエリを利用して事例紹介詳細ページの下部に関連する事例記事を表示しました⟶。今回は、「お知らせ詳細ページ」の本文中に関連する事例紹介の投稿を動的に表示するショートコード[related_showcase]を作成してみます。

⟶ 170ページ　**Lesson5-11**参照。

　投稿のスラッグを指定すると、そのタイトルと抜粋文、アイキャッチ画像を自動的に表示するようにします。また、タイトル部分の「関連する事例」、リンクボタン部分の「この事例を詳しく見る」はショートコード内で変更できるようにします。

　事例紹介の投稿のスラッグは「slug」という属性で指定できるようにします。また、指定がない場合は何も出力されないようにします。タイトルは「title」、リンクボタン部分の文字は「button」という属性で指定できるようにして、毎回指定しなくてもいいようにデフォルトの値を設定しておきます。

　このショートコードはfunctions.phpで定義しています 図1 。

図1 functions.phpにあるショートコードの定義

```php
/**
 * ショートコード「related_showcase」
 *
 * @param array  $atts ショートコードに渡されたパラメータ
 * @param string $content ショートコードに囲われたテキスト (このショートコードでは利用しません)
 */
function wpro_shortcode_related_showcase( $atts, $content = null ) {          ②
        $return = '';
        $atts   = shortcode_atts(
                array(
                        'slug'   => '',
                        'title'  => '関連する事例',
                        'button' => 'この事例を詳しく見る',                       ③
                ),
                $atts
        );


        // slug の指定がない場合は何も出力しない
        if ( ! $atts['slug'] ) {
                return $return;
        }


        // 指定の slug から事例紹介を取得
        $related_post_args  = array(
                'post_type'      => 'showcase',
                'post_status'    => 'publish',
                'name'           => $atts['slug'],                            ④
                'posts_per_page' => 1,
        );
        $related_post_query = new WP_Query( $related_post_args );


        // 該当する事例紹介がない場合は何も出力しない
        if ( ! $related_post_query->have_posts() ) {
                return $return;
        }
```

```
                $return .= '<h2>' . esc_html( $atts['title'] ) . '</h2>';
        while ( $related_post_query->have_posts() ) {
                $related_post_query->the_post();
                $return .= '<div class="wp-block-media-text is-stacked-on-
                mobile">';
                if ( has_post_thumbnail() ) {
                        $return .= '<figure class="wp-block-media-text__
                        media">' . get_the_post_thumbnail() . '</figure>';
                }
                $return .= '<div class="wp-block-media-text__content">';
                $return .= '<h3>' . esc_html( get_the_title() ) . '<h3>' .
                get_the_excerpt() . '<div class="wp-block-buttons">
                <div class="wp-block-button"><a class="wp-block-button__
                link">' . esc_html( $atts['button'] ) . '</a></div></div>';
                $return .= '</div>';
                $return .= '</div>';
        }
        wp_reset_postdata();

        return $return;
}
add_shortcode( 'related_showcase', 'wpro_shortcode_related_showcase' );————①
```

①最後の add_shortcode() 関数で、自作関数のwpro_shortcode_
related_showcase()をショートコードとして登録しています。
最初の引数で指定しているrelated_showcaseが、このショー
トコードの名称になります。

②自作関数のwpro_shortcode_related_showcase()では、$attsと
いう引数が利用できます。$attsにはショートコードに指定さ
れた属性が連想配列の形式で入っています。

③最初にshortcode_atts()という関数で、$atts の中身の確認とデ
フォルト値の設定をしています。最初の引数に渡している連想
配列のキーと$attsのキーを突き合わせ、最初の引数にないキー
を$attsから削除して、デフォルト値が設定されます。

④次にslugの値が設定されていることを確認し、サブクエリを作
成しています。サブクエリで公開ステータスの事例紹介の中か
ら同一スラッグの事例紹介をひとつ取得し、HTMLを作ったら、
そのHTMLを返します。echoではなく、returnであることに注
意しましょう。

では、正しく動作するか確かめてみましょう。今回は事例紹介の投稿にある「DA MUSIC」を取得し、任意の投稿の本文中に表示してみます。投稿の編集画面からショートコードブロックを追加し、[related_showcase slug="damusic"] を入力欄に入力します 図2 。

図2 ショートコードの入力

投稿を更新し表示すると、スラッグが「damusic」の事例紹介の
投稿が、投稿の本文中に表示されます 図3 。

図3 事例紹介が表示

今度はショートコードブロックの入力欄に、[related_
showcase slug="damusic" title="新しい事例紹介" button="DA
MUSIC の事例詳細"] を入力します 図4 。

図4 ショートコードのタイトルとリンクボタン名を記述

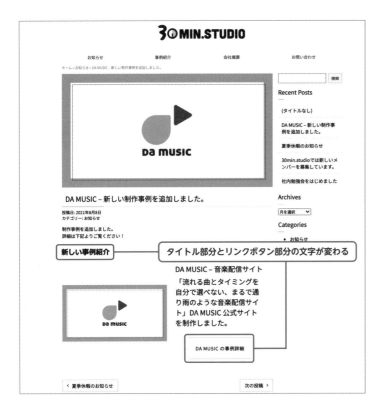

　このようにショートコードを利用することで、動的なコンテンツを本文内に出力することができます。ショートコードに登録している関数内のHTML構造を変更すれば、すべてのページの出力結果が変わるので、サイトを運用していく中で発生する仕様変更にも柔軟に対応することができます。

メインクエリの変更——pre_get_posts

THEME
テーマ

メインクエリの情報をそのまま用いても、ほとんどのページ出力は可能です。しかし、場合によっては情報を変更したいケースも発生します。ここでは、メインクエリの変更方法について解説します。

メインクエリを変更するメリット

Lesson4でお伝えした通り、WordPressでは「データベースに対して投稿データの取得を要求」することで、URLごとに適した情報を表示します。この情報をメインクエリと呼びます。メインクエリを用いることで、目的のページに適した情報を簡単に表示できます●。

90ページ **Lesson4-04**参照。

メインクエリ以外の情報を取得したい場合に利用されるものがサブクエリです。具体的にはChapter5-11でお伝えした、関連する事例紹介ではこれを用いています●。

170ページ **Lesson5-11**参照。

たとえば、投稿一覧を表示するページから特定のカテゴリーの投稿を除外したかったり、検索結果ページから固定ページを除外したかったり、サイトに応じて変更したい場合、サブクエリを作成して表示させれば意図した内容を表示することはできます。しかし、以下のようなデメリットがあるのでおすすめできません。

- ページネーションに対応したサブクエリを作成する必要がある
- URLごとにサブクエリを作成する必要があり、その後の運用も複雑になる
- サブクエリに加えてメインクエリも取得しているためパフォーマンス的に不利

そのページに適した情報としてメインクエリが作られるのですから、サブクエリを使用するよりも、メインクエリに変更を加えた方がよいでしょう。

メインクエリを変更

　では実際にメインクエリの変更をおこなってみましょう。1ページに表示する最大投稿数はダッシュボードの「表示設定」で設定されています 図1 。ここを3件にすると、通常であればどこのページであっても表示される最大投稿数は3件です 図2 。

図1 最大投稿数を設定

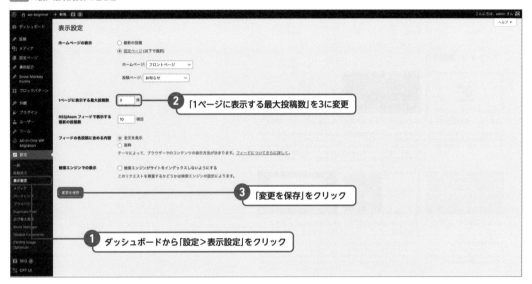

図2 メインクエリを変更する前の表示(左：事例紹介　右：お知らせ)

しかし、本書のテーマでは、事例紹介では全件が表示され 図3 、それ以外のアーカイブページ（例えばお知らせ）では「表示設定」のとおり3件が表示されます。

　このカスタマイズはfunctions.phpでメインクエリを変更しておこなっています 図4 。

図3　本書のテーマにおける事例紹介の表示

図4　functions.phpにあるメインクエリの変更

```php
/**
 * 事例紹介のアーカイブページにて、表示する事例の数を全件に変更
 *
 * @param WP_Query $query WP_Query インスタンス
 */
function wpro_show_all_posts_showcase_archive( $query ) {
        if ( ! is_admin() && $query->is_post_type_archive( 'showcase' ) &&
        $query->is_main_query() ) {
                $query->set( 'posts_per_page', -1 );
        }
}
add_action( 'pre_get_posts', 'wpro_show_all_posts_showcase_archive' );
```

wpro_show_all_posts_showcase_archive() という関数は、add_action(…) という一文によって、メインクエリが用意される前のタイミングで実行されます。なお、pre_get_posts についての詳細は次の Lesson7-4 で解説しますが、指定したタイミングで独自の関数を実行することができるフックという WordPress の機能を用いています。

wpro_show_all_posts_showcase_archive() では条件分岐をおこなっています。

! is_admin()、$query->is_post_type_archive('showcase')、$query->is_main_query() がすべて true の時に、1ページに表示する最大投稿数を -1 件（全件）に変更しています 図5 。

図5 条件分岐

条件	条件の内容	指定がない場合
! is_admin()	管理画面以外（サイト閲覧者が通常見られるページのみ）かどうか	管理画面のメインクエリまで変更される
$query->is_post_type_archive('showcase')	事例紹介のアーカイブページかどうか	すべてのページのメインクエリが変更される
$query->is_main_query()	メインクエリかどうか	サブクエリまで変更される

メインクエリの変更は数行追記するだけでおこなうことができます。ただし、条件分岐をしっかりとおこなわないと予期しないページにも影響が出てしまうので、注意が必要です。

また、! is_admin() と $query->is_main_query() はセットで記述したほうがよいものだと覚えておきましょう。

適用するページの指定は、$query->is_post_type_archive('showcase') を参考に、$query を用いて WordPress の条件分岐タグを使用してください。

フックの利用

THEME テーマ WordPressでサイトを構築する際、フックの利用は欠かせません。フックとは何か、どのように利用できるのかについて解説します。

カスタマイズに欠かせないフック

WordPressでは、基本機能にテーマとプラグインを追加すれば、十分にWebサイトとして運用できる状態になります。しかし、実際にコーポレートサイトを構築して運用していこうとすると、表示される内容に変更を加えたり、取得する投稿の条件を変えたりなど、そのサイト独自の機能や見栄えが求められます。そのような時に利用するものがフックです。

WordPressのコアには、利用者が独自の機能を追加しやすいように、たくさんのフックが設けられています。

Lesson7-3で紹介したpre_get_postsは、WordPressのコアの中でメインクエリを作る前に用意されているフックです。メインクエリを作る前なので、どのようなメインクエリを生成してほしいかをカスタマイズできます。

なお、タイミングが早すぎるフックを使ってしまうと、「そのページが事例紹介のアーカイブページかどうか」という情報がまだ作られていないので、条件分岐がうまくできません。また、実行したい関数が受け取り可能な引数の種類は、フックごとに異なっているため、pre_get_postsでは利用できている $query という引数が利用できなくなってしまいます。

たくさんあるフックの中から、追加したい機能に適したフックを利用するようにしましょう。

> **memo**
> 「フック」は"引っ張り込む(hook into)"という句からきており、WordPressに自作の関数を取り込ませるために用意された仕組みです。WordPressの処理上の特定のタイミングで関数を呼び出すことができます。

> **memo**
> メインクエリが作られるより前に用意されているフックはたくさんありますが、メインクエリにカスタマイズをおこなうにはpre_get_postsが適切なフックとなります。

フックの種類

フックにはアクションフックとフィルターフックがあります。

アクションフックは、指定したフックに関数を登録して実行で

きるフックです。Lesson7-3で紹介した pre_get_posts もアクションフックのひとつです。

　フィルターフックは、指定したフックに関数を登録し、そのフックが持つ値 (たとえば、データベースに保存する内容や、フロント画面に出力する内容) を書き換えるフックです。

　どちらも「指定したフックに実行したい関数を登録し、実行する」という挙動は同じですが、返り値の要不要が異なります。アクションフックは実行したい関数を実行することを目的としているため返り値を必要としませんが、フィルターフックは保存したり出力したりする内容を書き換えることを目的としているため返り値が必要です。

　アクションフックは add_action()、フィルターフックは add_filter() という関数を利用して、実行したい自作関数を登録できます。どちらも4つの同じパラメータを指定できます 図1 。

図1　パラメータの記述形式

```
add_action( '登録先のフック名', '実行したい関数名', '優先度', '受け取り可能な引数の数' );
```

　優先度は整数で実行順序を指定できます。数値の小さい順に実行され、デフォルト値は10です。受け取り可能な引数の数も整数で指定できます。デフォルト値は1ですが、フックが渡すことができる引数の数を指定するとよいでしょう。

　Lesson7-3で紹介したadd_action()を、デフォルト値を省略せずに記載し直すと、図2 のようになります。

図2　add_action()の記述例

```
add_action( 'pre_get_posts', 'wpro_show_all_posts_showcase_archive', 10, 1 );
```

　登録した関数は、アクションフックはdo_action()、フィルターフックは apply_filters() という関数によって実行されます。WordPressのコアファイルで「do_action(」や「apply_filters(」を検索すると、数多くヒットします。do_action()は 図3 のような形式で用意されています。1つ目のパラメータがフック名で、それ以降は実行したい関数で受け取れる引数です。

図3　do_action()の記述形式

```
do_action( 'フック名', '受け取れる引数1', '受け取れる引数2', '受け取れる引数3' ... );
```

apply_filters()は 図4 のような形式で用意されています。1つ目のパラメータがフック名で、2つ目のパラメータが書き換えることのできる値、それ以降は実行したい関数で受け取れる引数です。

図4 apply_filters()の記述形式

```
apply_filters( 'フック名', '書き換えることができる値', '受け取れる引数1', '受け取れる引数2', '受け取れる引数3' ... );
```

memo

do_action_ref_array()とapply_filters_ref_array()という関数もあります。挙動はそれぞれ do_action()、apply_filters()と同じですが、引数が配列形式でまとめて受け取れる点が異なります。

WordPressのコアやテーマ、プラグインも、フックに関数を登録しています。これらの、すでにフックに登録されている関数を除去することもできます。関数を除去するには、remove_action()や remove_filter() を利用します。どちらも3つの同じパラメータを指定できます 図5 。

図5 remove_action()の記述形式

```
remove_action( '登録先のフック名', '除去したい関数名', '優先度' );
```

除去したい関数名と優先度は、登録時に指定したものと同じものを指定する必要があります。優先度の指定は省略することができ、デフォルト値は10です。

アクションフックを知る

アクションフックの利用例をさらに見ていきましょう。 図6 はテーマのfunctions.phpに記載されている、サイドバー用のウィジェットエリアを追加しているコードです。

図6 ウィジェットを追加

```
/**
 * ウィジェットの追加
 */
function wpro_widgets_init() {
        register_sidebar(
                array(
                        'name'          => 'サイドバー',
                        'id'            => 'main-sidebar',
                        'description'   => 'サイドバーで表示する内容をウィジェットで指定します',
                        'before_widget' => '<section id="%1$s" class="widget %2$s">',
                        'after_widget'  => '</section>',
```

```
                        'before_title'  => '<h2 class="widget-title">',
                        'after_title'   => '</h2>',
                )
        );
}
add_action( 'widgets_init', 'wpro_widgets_init' );
```

　自作関数のwpro_widgets_init() を widgets_init アクションフックに登録しています。wpro_widgets_init() では、register_sidebar() にパラメータを指定してウィジェットエリアを追加しています。

　このコードによって、管理画面の「外観＞ウィジェット」にサイドバーというウィジェットエリアが追加されています 図7 。

図7　ウィジェットエリア「サイドバー」

　試しに 図8 のように、add_action()の一行をコメントアウトしてみましょう。

図8　add_action()をコメントアウト

```
// add_action( 'widgets_init', 'wpro_widgets_init' );
```

　ウィジェットページを更新するとウィジェットに対応していないという旨のエラー画面 図9 になり、管理画面に戻ると、外観からウィジェットというメニューが消えています 図10 。

図9　ウィジェット非対応のエラー画面

> 現在使用中のテーマはウィジェットに対応していないため、このままではサイドバーの変更はできません。ウィジェットに対応するようにテーマを修正するには こちらの解説を参照してください。

図10 ウィジェットのメニューが非表示

コメントアウトしたことで、wpro_widgets_init() が widgets_init フックに登録されなくなり、ウィジェットエリアも追加されなくなります。これによって利用できるウィジェットエリアがなくなってしまったため、ウィジェットメニューも非表示になります。コメントアウトした行を元に戻すと、ウィジェットページもメニューも元通りになります。

次はWordPressのコアが登録している関数を除去する例をみていきましょう。

図11のコードがfunctions.phpに記載されています。このコードを図12のように書き換え、コメントアウトしてみましょう。

図11 バージョン情報を非表示にする記述

```
/**
 * WordPress のバージョン情報を非表示にする
 */
remove_action( 'wp_head', 'wp_generator' );
```

図12 コードの一部をコメントアウト

```
/**
 * WordPress のバージョン情報を非表示にする
 */
// remove_action( 'wp_head', 'wp_generator' );
```

サイトのフロントページのソースコードをブラウザで確認すると、head タグの中に図13のようなコードが出力されています。

これは WordPress のコアが出力している、現在のWordPressのバージョンです図14。WordPress のコアが wp_head というアクションフックにwp_generator()という関数を登録しているために出力されています。

先ほどコメントアウトしたコードを元に戻すと、headタグか
らこのmetaタグだけがなくなります 図15 。

図13 バージョン情報が出力される

```
59  <script src='https://wp-beginner-book.local/wp-includes/js/jquery/jquery.min.js?ver=3.6.0' id='jquery-core-js'></script>
60  <script src='https://wp-beginner-book.local/wp-includes/js/jquery/jquery-migrate.min.js?ver=3.3.2' id='jquery-migrate-js'></script>
61  <link rel="https://api.w.org/" href="https://wp-beginner-book.local/wp-json/" /><link rel="alternate" type="application/json" href="https://wp-beginner-book.local/wp-json
62  <link rel="wlwmanifest" type="application/wlwmanifest+xml" href="https://wp-beginner-book.local/wp-includes/wlwmanifest.xml" />
63  <meta name="generator" content="WordPress 5.8.1" />
64  <link rel="shortlink" href="https://wp-beginner-book.local/" />
65  <link rel="alternate" type="application/json+oembed" href="https://wp-beginner-book.local/wp-json/oembed/1.0/embed?url=https%3A%2F%2Fwp-beginner-book.local%2
66  <link rel="alternate" type="text/xml+oembed" href="https://wp-beginner-book.local/wp-json/oembed/1.0/embed?url=https%3A%2F%2Fwp-beginner-book.local%2F&#038
67  <style media="print">#wpadminbar { display:none; }</style>
```

図14 バージョン情報

```
<meta name="generator" content="WordPress 5.8.1" />
```

図15 バージョン情報が出力されない

```
59  <script src='https://wp-beginner-book.local/wp-includes/js/jquery/jquery.min.js?ver=3.6.0' id='jquery-core-js'></script>
60  <script src='https://wp-beginner-book.local/wp-includes/js/jquery/jquery-migrate.min.js?ver=3.3.2' id='jquery-migrate-js'></script>
61  <link rel="https://api.w.org/" href="https://wp-beginner-book.local/wp-json/" /><link rel="alternate" type="application/json" href="https://wp-beginner-book.local/wp-json
62  <link rel="wlwmanifest" type="application/wlwmanifest+xml" href="https://wp-beginner-book.local/wp-includes/wlwmanifest.xml" />
63  <link rel="shortlink" href="https://wp-beginner-book.local/" />
64  <link rel="alternate" type="application/json+oembed" href="https://wp-beginner-book.local/wp-json/oembed/1.0/embed?url=https%3A%2F%2Fwp-beginner-book.local%2
65  <link rel="alternate" type="text/xml+oembed" href="https://wp-beginner-book.local/wp-json/oembed/1.0/embed?url=https%3A%2F%2Fwp-beginner-book.local%2F&#038
66  <style media="print">#wpadminbar { display:none; }</style>
67      <style media="screen">
```

フィルターフックを知る

次にフィルターフックの利用例をみていきましょう。

本書のテーマでは事例紹介のアーカイブがあるので、投稿の本
文中に「事例紹介」という文字列があれば、自動でアーカイブへの
リンクを付与するように本文を書き換えて出力するようにしてい
ます 図16 。

図16 本文を出力直前に書き換え（functions.php）

```php
/**
 * 投稿詳細にて、「事例紹介」という文字列が本文内に含まれている場合、自動でリンクを付与する
 *
 * @param string $content 現在の投稿の本文
 */
function wpro_replace_showcase_single( $content ) {
        if ( is_singular( 'post' ) && in_the_loop() && is_main_query() ) {
                $content = str_replace( ' 事例紹介 ', '<a href="/showcase/"> 事例紹介
                </a>', $content );
        }
        return $content;
}
add_filter( 'the_content', 'wpro_replace_showcase_single', 12 );
```

正しく動作しているか確かめてみましょう。投稿の編集画面から「事例紹介」という文字列を、本文のどこでもいいので入力し、更新します。投稿を表示すると、「事例紹介」という文字列にリンクが付与されます 図17 。

図17 自動でリンクを付与

このコードでは、the_content というフィルターフックに wpro_replace_showcase_single() という関数を登録しています。the_content は本文を出力する直前のフックで、書き換えられる値として本文が受け取れます。優先度は12に設定して、少し遅めに実行されるようにしています。これは他のショートコードが実行され、HTMLが作られた後に実行させるためです。

wpro_replace_showcase_single() では、本文である $content をフックから受け取っています。投稿の詳細ページで、メインクエリかつループの中の本文だけ、文字列を置換してリンクを追加しています。最後に書き換えた本文を返すことで、本文の書き換えがおこなえます。

今回紹介したものだけでなく、他にもたくさんのフックがあります。また、フックを利用したカスタマイズもたくさんあります。公式ドキュメントなどを参考に、どういった利用ができるか見てみるとよいでしょう。

いくつかのカスタマイズ方法を見てきましたが、いかがでしょうか。フックは少し難しいですが、これを理解するだけでカスタマイズの幅が大きく広がり、プロにも大きく近づきます。いろいろなカスタマイズを試してみて、楽しみながら理解していきましょう。

> **memo**
> 置換を行うstr_replace()はPHPの組み込み関数で、第1引数に検索文字列、第2引数に置換文字列、第3引数に検索対象とする文字列を指定します。

保守・運用の
ポイント

Webサイトは構築して終わりではなく、その後も運用し続けていく必要があります。ここでは、継続的にWebサイトを運用していくために必要な知識と手段について解説します。

読む ▷ 準備 ▷ 制作 ▷ カスタ
マイズ ▷ 運用

サーバーでWordPressを利用する

180 min

THEME テーマ WordPressで作成したWebサイトを、インターネット上で公開するには、サーバーを準備する必要があります。ここではレンタルサーバー上でWordPressを利用するための手順についてお伝えします。

レンタルサーバーを利用する

ここまでは自分のパソコンの中にあるローカル環境の中でWordPressサイトを構築してきました。しかし、このWebサイトをインターネット上で公開するためには、WordPressの動作要件をみたしたWebサーバーの準備が必要です。自分でWebサーバーを構築するのは難易度が高いので、レンタルサーバーの利用を検討しましょう。

WordPressに対応しているレンタルサーバーは数多くあります。まずは、どこに注目して選択すればいいのかを解説します。

動作要件を満たしているか

サーバーを選ぶ際は、導入されているPHPやMySQLのバージョンやサーバーの種類について、推奨要件を満たしているものを選びましょう❂。

なお、2021年9月現在、推奨されている要件は下記の通りです。

14ページ **Lesson1-02**参照。

- PHP バージョン7.4以降
- MySQL バージョン5.6以降 もしくは MariaDBバージョン10.1以降
- HTTPS（SSL）のサポート

> **memo**
> WordPressで必要とされる環境はOSやアプリケーションの頭文字をとってLAMP環境と呼ばれます。
>
> ・Linux（OS）
> ・Apache（サーバー）
> ・MySQL（データベース）
> ・PHPなど（プログラム言語）

独自ドメイン

ドメインとは、インターネット上での「住所」のようなものです。

もし、わかりやすく覚えやすい独自ドメイン（例えば、mdn. co.jpなど社名が入ったドメインなど）を利用したい場合、そのドメインを取得して、サーバーのIPアドレスとドメインを紐付ける設定が必要です。

ドメインを取得するには「レジストラ」とよばれるドメイン登録業者に申請を行い、費用を支払う必要があります。レンタルサーバー会社が、独自ドメインの提供サービスもおこなっていた場合は、サーバーの申し込みと同時に独自ドメインの取得・紐付けもおこなえます。もちろん外部の業者で取得したドメインでもサーバーとの紐付けは可能ですが、特に理由がなければ、ドメインとレンタルサーバーを同時に契約することをおすすめします。

WordPressインストールと設定

ここではエックスサーバー（Xserver）を例に、一連の流れを見てみます。

エックスサーバーでは無料お試し期間が10日設定されているので、アカウントの登録から10日間は無料で利用することができます。まずはエックスサーバーのトップページから上部メニューにある「お申し込み＞お申し込みの流れ」を開きます 図1 。ここで全体の流れを確認しつつ、アカウント登録手続きを進めてください。

> **memo**
> エックスサーバー
> https://www.xserver.ne.jp/

図1 エックスサーバー「お申し込みの流れ」

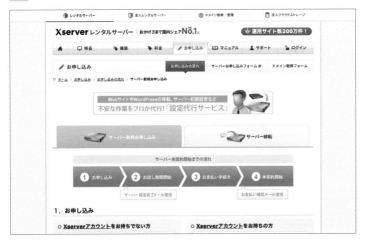

スクロールすると「お申し込みフォーム」ボタンが表示されるのでクリックします。するとアカウント入力の画面が表示されます。ここでは「10日間無料お試し 新規お申し込み」ボタンをクリックしましょう 図2。

図2 「お申し込みフォーム」

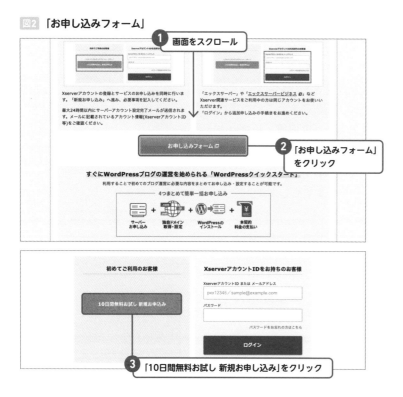

　サーバー契約内容を選択します。まずは一番リーズナブルなX10プランを選択しましょう。

　続いてXserverアカウントの登録へ進みます 図3。

図3 プランの選択

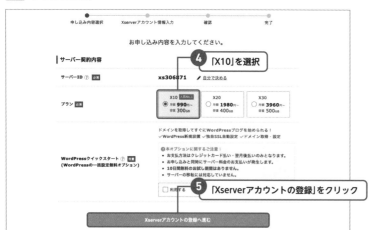

memo
WordPressクイックスタートには「お試し期間」がないため、ここでは選択しません。

　Xserverアカウント情報入力のフォームに従って入力をおこな
います。必ず受信が可能なメールアドレスを使用してください。
すべて入力したら「次へ進む」をクリックします 図4 。

図4 アカウント情報の入力

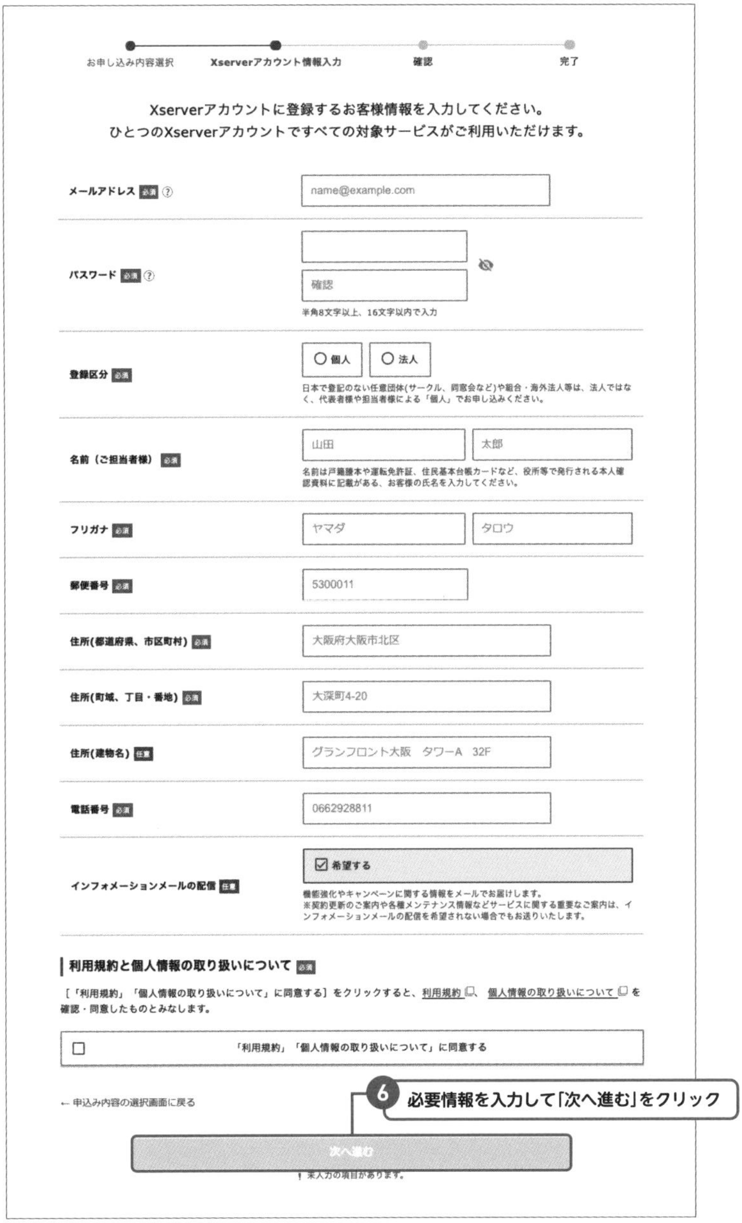

図5 確認コードのメール

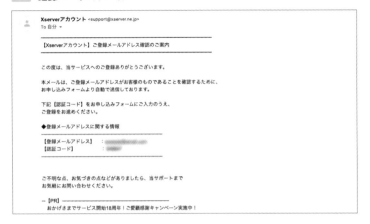

図6 確認コードを入力

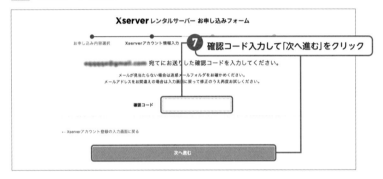

確認コードを入力したら、これまでの入力情報を確認する画面が表示されます。登録内容に間違いがないか確認し、次のステップ「SMS・電話認証へ進む」へ進みます 図7 。

図7 入力情報の確認

テキストメッセージ(SMS)が受信できるか、もしくは音声通話
が可能な電話番号を入力して「認証コードを取得する」をクリック
します 図8 。

図8 認証コードを取得

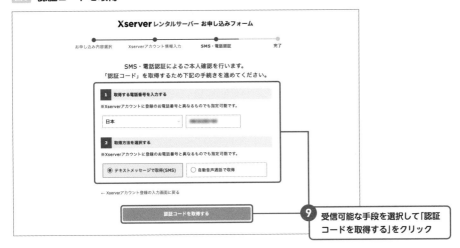

認証コードの入力画面が表示され、入力した電話番号宛に指定
した方法で認証コードが届きます。コードを入力をしたら「認証
して申し込みを完了する」をクリックします 図9 。

図9 認証

申込みが完了すると、このような画面になります 図10 。

図10 申し込み完了画面

24時間以内に、入力したメールアドレス宛に「サーバーアカウント設定完了のお知らせ」というタイトルのメールが届きます。

　届いたメールにはサーバーパネルへのログイン情報やFTP情報が記載されていますので、破棄せず保管しておきましょう 図11。

図11 アカウント設定完了メール

　図10 の画面で「お知らせ」を閉じると、ログインした状態で契約管理ページが表示されています 図12。ここで「サーバー>サーバー管理」と進めば、サーバーパネルへログインができます 図13。サーバーパネルでは、Webやメールに関する様々な設定がおこなえます。

図12 契約管理ページ

図13 サーバーパネル

エックスサーバーから独自ドメインを取得

　ドメインの取得をおこなうには、エックスサーバーの契約情報ページにある「ドメイン>ドメイン取得」からおこないます 図14 。

図14 契約管理ページ

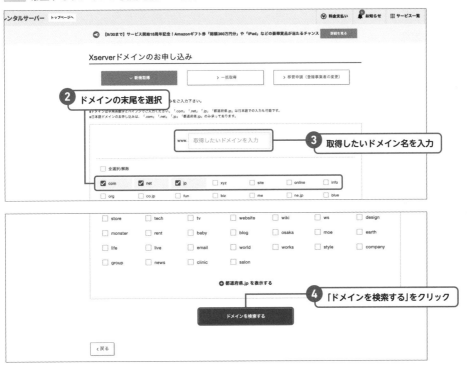

　画面中央の「取得したいドメインを入力」の部分にカーソルをあて、希望のドメイン名を入力します。また、「.com」「.net」などのURLの末尾についている共通の文字列を選択して、「ドメインを検索する」を押し、取得が可能か検索します 図15 。

図15 希望するドメインが使用可能かを検索

取得可能であれば価格や契約期間などが表示されます。このまま取得する場合は、取得したいドメインのチェックボックスを選択し、その後の手続きをおこなってください 図16 。

memo

マニュアルページ「ドメイン新規取得」
https://www.xdomain.ne.jp/
manual/man_order_domain.php

図16 ドメインを選択

⑤ 取得したいドメインをチェックして手続きを進める

本番サーバーにドメインを設定する

独自ドメインを取得した場合は、ドメインをサーバーに設定します（取得せずに初期のドメインで進める場合はこの部分を飛ばし、次の手順に進んでください）。

「ドメイン設定＞ドメイン設定追加」と進みます 図17 。

図17 ドメインをサーバーに設定

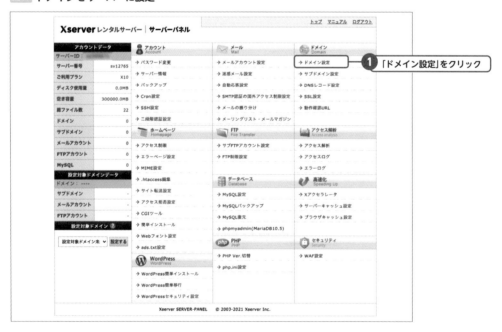

① 「ドメイン設定」をクリック

　追加設定するドメイン名を入力し、確認画面へ進みます。「無料独自SSLを利用する」のチェックは入れたままにしておくと、後の設定が省けます 図18 。

memo
マニュアルページ「ドメイン設定」
https://www.xserver.ne.jp/manual/man_domain_setting.php

図18 ドメイン設定

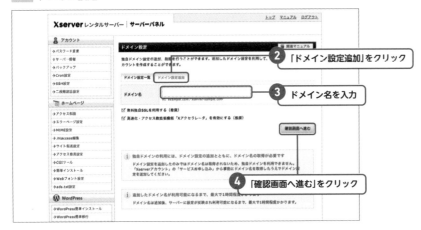

　すると「ドメイン設定の追加を完了しました。」と表示されます。これで独自ドメインの設定が追加できました。

WordPressをインストールする手順

　エックスサーバーには、WordPressの簡単インストール機能が備わっています。サーバーパネルから「WordPress簡単インストール」をクリックします。その後、インストールする対象ドメインの横にある「選択する＞WordPressインストール」と進みます。各項目の説明は 図19 を参照してください。

図19 **設定項目**

項目名	説明
バージョン	インストールされるWordPressのバージョンが表示されます
サイトURL	ドメインを指定します。必要であればサブディレクトリを指定することもできます
ブログ名	WordPressサイトの名前です。インストールしたあと、WordPressの管理画面から変更が可能です
ユーザー名	WordPress管理者用のユーザー名です。あとから変更はできません
パスワード	WordPress管理者用のパスワードです。上記のユーザー名とこのパスワードを使ってWordPressにログインすると、WordPressの管理画面上からすべての操作がおこなえます。推測が容易なパスワードや同じ英数字の羅列など、かんたんなパスワードの設定は避けてください
メールアドレス	WordPress管理者用のメールアドレスです。受信可能なEメールアドレスを設定しましょう
キャッシュ自動削除	特に理由がなければONのままで問題ありません
データベース	「自動でデータベースを作成する」を選んだ場合、プログラムのインストールと同時にデータベースを作成します。複数のサイトを運用する際に、あらかじめわかりやすい名前をつけておきたいなどの場合は、簡単インストールの前に、「MySQL設定」よりデータベースを新規作成しておく必要があります ※マニュアルページ：https://www.xserver.ne.jp/manual/man_install_auto_word.php

　確認画面へ進み、問題がなければ「インストールする」をクリックします。インストールが終了すると、設定情報が表示されます。また、管理画面のURLが表示されるので、それをクリックするとログイン画面へ移動します。

　ログインを行い、管理画面に入れることを確認しましょう。以上で、WordPressのインストールが完了します。

環境の種類と操作

　Webサイト制作では、「開発環境」「ステージング環境」「本番環境」といった言葉が使われます。どういったものなのかを作業のフローの一例とともに理解しておきましょう。

①開発環境

　制作の最初期段階では、開発環境で進められることが多いです。
　開発環境とは、主に作業者が開発や動作の確認などをおこなう環境のことです。今回本書で制作したようなローカル開発環境を用意して制作を進めたり、複数人で制作をおこなうために開発用のデモ環境を用意することもあります。

②テスト環境

クライアントへの進捗報告や確認をお願いする際には、テスト環境を使用します。テスト環境とは、作業者・社内のスタッフや、クライアントが確認でき、制作の内容を検証する環境です。

環境の準備はクライアント側でおこなう場合と、制作会社側で用意する場合があります。テスト環境では、たとえば誤字・脱字やリンクの間違いなどの掲載内容の不備がないかを確認し、修正をおこないます。

ローカルで構築していた開発環境とは違い、サーバー上での作業となるため、検索エンジンにインデックスされたり、外部のユーザーからのアクセスがないよう、Basic認証などのアクセス制限をかけておきましょう。

③ステージング環境

本番公開前の最後の検証に使用されるのがステージング環境です。テスト環境と同じく、作業者・社内のスタッフ・クライアントが確認できます。

テスト環境とよく混同しやすいですが、「本番環境とほぼ同じ環境」であることが大きな違いです。
「テスト環境では問題がなかったものが、本番では問題がおきた」ということをできるだけ防ぐためにステージング環境が設けられます。ステージング環境で問題が出たということは、本番環境でも同じ問題が起こる可能性が高いことになります。

このような動作・表示に関する問題点がないかということを中心に確認をします。

こちらももちろん、Basic認証などのアクセス制限をかけておく必要があります。

④本番環境

ステージング環境での検証が終われば、本番環境へデプロイされます。

本番環境とは、いわゆる一般公開のための環境です。

制作に関わるスタッフやクライアントの他、一般のユーザーからもサイトが見られます。ここにデプロイすることで、サイトが世間に公開されます。

memo

参考URL：アクセス制限について
（Xserverマニュアル）
https://www.xserver.ne.jp/manual/man_server_limit.php

WORD Basic認証

Webサイト上における特定のページやファイルにアクセス制限をかける認証方法の一つ。認証ダイアログを表示してIDとパスワードの入力を求める。

All-In-One WP Migration を利用した本番へのデプロイ

Lesson 8
02
60
min

「All-In-One WP Migration」というプラグインを使うと、非常に手軽にWordPressサイトの移行がおこなえます。これを利用した本番環境へのデプロイの方法について解説します。

デプロイの準備

事前の準備として、いくつか確認しておくことがあります。

まずこのプラグインではWordPress本体の上書きはおこなわれません。そのため、あらかじめ両方の環境を最新版にしてバージョンをあわせておきましょう。可能であればPHPのバージョンも、両方の環境であわせておきましょう。

続いて、PC上のローカル環境にあるWordPressと、本番環境のWordPressの両方に「All-In-One WP Migration」をインストール・有効化しておきます 図1 。すると管理画面の左メニューに「All-in-One WP Migration」が表示されます。これで、移行の準備が整いました。

図1 「All-In-One WP Migration」のインストール

データのエクスポート

　まずは移行元のWordPressで「All-in-One WP Migration」を実行してWebサイトのデータをエクスポートする手順を解説します 図2 。

図2 データのエクスポート

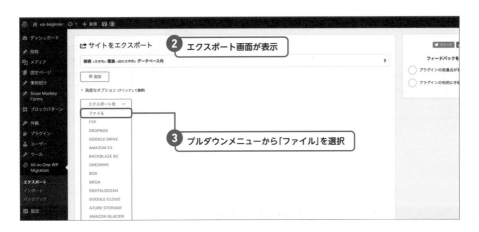

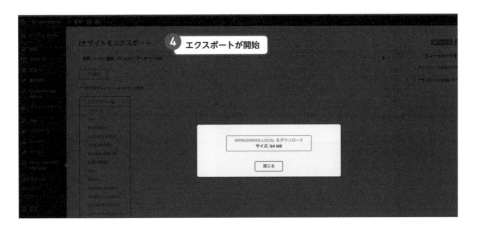

ファイルの準備ができたら画面にダウンロードボタンが表示されます。クリックすると拡張子が「.wpress」のファイルがPC内にダウンロードされます。

データのインポート

続いてはインポートです。移行先のサイトで左メニューから「All-in-One WP Migration ＞インポート」をクリックして表示された画面からデータをインポートします 図3 。

なお、インポートするデータの容量はサーバの設定によって異なります。また、「All-in-One WP Migration」は「最大アップロードファイルサイズ」に制限があるので、データ量が大きくインポートができない場合は有料版の購入が必要になります。

memo
途中でアラートが出ることもありますが、内容は「サイトの内容が上書きされます」というものなので「OK」としてかまいません。

図3 データのインポート

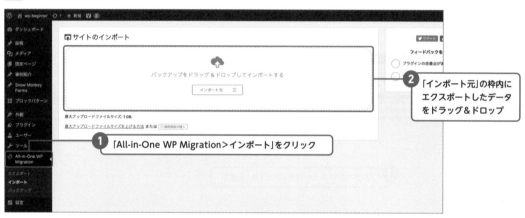

「All-in-One WP Migration＞インポート」をクリック

「インポート元」の枠内にエクスポートしたデータをドラッグ＆ドロップ

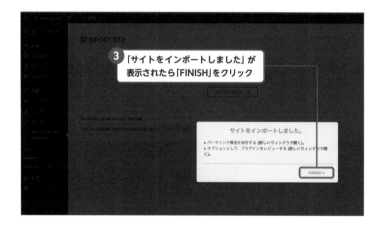

「サイトをインポートしました」が表示されたら「FINISH」をクリック

memo
移行先で設定したユーザー名とパスワードは使えません。

インポートが終了したサイトからは、いったん完全にログアウトされるので、再度ログインが必要です。移行元のユーザー名とパスワードでログインをおこなってください。元のサイトが復元されていることを確認したら、インポート作業は終了です。

memo

すべてエクスポートしてからインポートをおこなうと、投稿内容などもすべて上書きされます。Webサイトの新規公開時やすべてのデータを移転する場合は問題ありません。ただ、本番環境のみですでに記事を投稿している場合、それらのデータは消えてしまうので注意してください。

部分的なデプロイをおこなう

先ほどご紹介した方法では、サイト上のすべてのデータ（画像・テーマ・データベース・プラグイン）をエクスポートする設定でおこないましたが、「All-in-One WP Migration」は部分的なデプロイをおこなうこともできます。

エクスポート画面にある「高度なオプション」をクリックすると、エクスポートするデータの種類を設定できます 図4 。

図4 高度なオプション

たとえば「メディアライブラリをエクスポートしない」を選ぶと、エクスポートデータの中には画像などのメディアファイルが含まれません。メディアライブラリの容量が非常に多くサイズを軽くしたい場合などに便利です。ただし、移行先の記事に画像を反映させるには、FTPなどを使って別途サーバーへアップロードする必要があります。

アップデートとバックアップ

THEME
テーマ

WordPressでは、セキュリティの強化や機能の追加・改善を目的としたアップデートが定期的におこなわれています。また、Webサイトを運用していく上でバックアップをとることも非常に重要です。

アップデートの重要性

WordPress を利用していると、しばしば 図1 にあるような更新を促すメッセージが表示されることがあります。

図1 更新を促すメッセージ

WordPress では定期的にアップデートがおこなわれています。具体的には、機能追加・改善がおこなわれるアップデート（メジャーアップデート）と、セキュリティ向上やバグに対応するアップデート（マイナーアップデート）です。メジャーアップデートは年に数回ですが、マイナーアップデートは必要に応じておこなわれています。セキュリティの観点からみると、マイナーアップデートを疎かにすると非常に危険な状態となります。WordPress は世界中で利用者が多いため、攻撃の標的とされることも少なくありません。その攻撃は無差別でおこなわれることも多いため、規模の小さなサイトであっても危険度は変わりません。

これらのアップデートをおこなわないことは、Webサイト自体はもちろんのこと、Webサイトに訪れる訪問者を危険に晒すことになります。

自動アップデートの設定

WordPressには本体の自動更新機能が設定されています。WordPress5.6以降については、新規インストールした際のデフォルト設定が「メジャーアップデートも、マイナーアップデートも自動更新」となっています。

先ほども解説したように、マイナーアップデートは非常に重要なので基本的に自動更新します。一方、メジャーアップデートについては、機能追加や大幅な変更がおこなわれるので、Webサイトの表示に不具合が発生する可能性があります。そのため、更新前に開発環境などでテストをしてからアップデートをおこなう、というケースもあります。こちらは状況に応じて設定を変更しましょう。なお、現在のアップデート設定がどのようになっているかは、管理画面の「ダッシュボード＞更新」から確認できます 図2 。

図2 アップデート設定

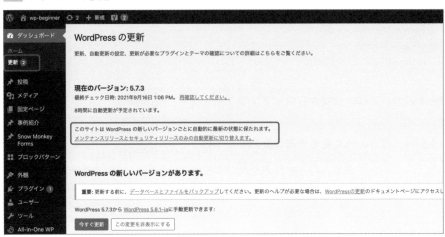

デフォルトの状態では「このサイトはWordPressの新しいバージョンごとに自動的に最新の状態に保たれます。」と記載があります。この状態は、メジャーアップデート・マイナーアップデートどちらも自動更新が有効となっています。

「メンテナンスリリースとセキュリティリリースのみの自動更新に切り替えます。」をクリックすると、設定が切り替わります。

「このサイトは WordPress のメンテナンスリリースとセキュリティリリースのみで自動的に最新の状態に保たれます。」という表示であれば、自動更新はマイナーアップデートに対してのみ有効な状態となっています 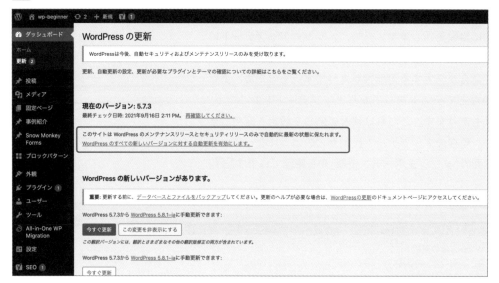。

大きなアップデートについては自分で確認をしてからおこないたい場合は、こちらの設定にしておくとよいでしょう。メジャーアップデートをいつまでもおこなわないというのはよくありませんので、あくまでトラブルを未然かつ一時的に防ぐための機能として捉えてください。

memo
「WordPress のすべての新しいバージョンに対する自動更新を有効にします。」をクリックすることで、再度メジャーアップデートも有効な設定に戻すことができます。

図3 マイナーアップデートのみ有効

メジャーアップデートについては、公式からロードマップも公開されています。

アップデートが来る前に、どういった変更や追加機能があるのか、情報をしっかりとキャッチアップしておくことも必要です。

memo
WordPress日本語公式「ロードマップ」
https://ja.wordpress.org/about/roadmap/

バックアップをとる

特にメジャーアップデートをおこなう前には、できる限りバックアップをとっておきましょう。

「UpdraftPlus」というプラグインを使うと、WordPressサイトのバックアップ・リストアが手軽におこなえます。

まずはプラグインをインストールして、有効化します 図4 。

図4　UpdraftPlus

「UpdraftPlus」の主なメニューは バックアップと復元です。また、
定期的なバックアップや外部にバックアップを作成することもで
きます。

　まずはデータのバックアップをとりましょう。「バックアップ/
復元」のタブの、「今すぐバックアップ」ボタンをクリックします
図5。

図5　バックアップの手順

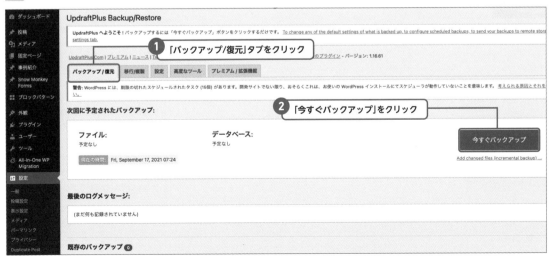

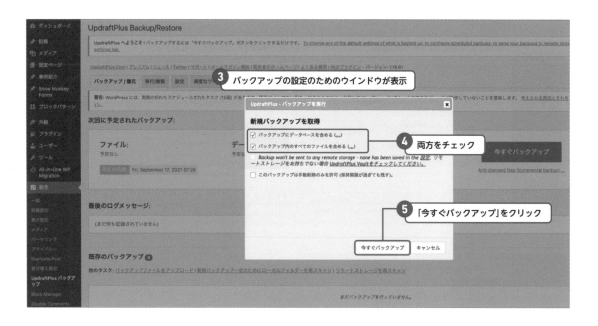

データは zip ファイルで作成されます。また、ログメッセージにはバックアップが成功した旨の表示が出て、既存のバックアップの欄に、新しいファイルが追加されたのがわかります。

> **memo**
>
> 通常、自動更新のデータが溜まった際に古いデータから削除されていきますが、上図で「このバックアップは手動削除のみを許可」にチェックをつけたデータについては、その対象外となります。消えてほしくないデータについてはチェックをいれておきましょう。

バックアップデータを復元する

次は復元を試します。既存のバックアップ欄から、「復元」ボタンをクリックします 図6 。

図6 データの復元手順

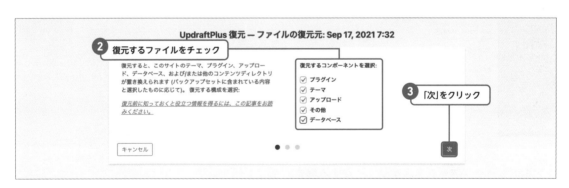

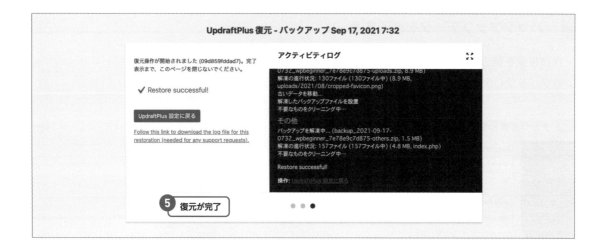

「UpdraftPlus 設定に戻る」をクリックすると、もとのプラグイン設定画面へ戻ります。

復元が成功していたら、「古いディレクトリを削除」を押しておきましょう 図7 。

図7 古いディレクトリを削除

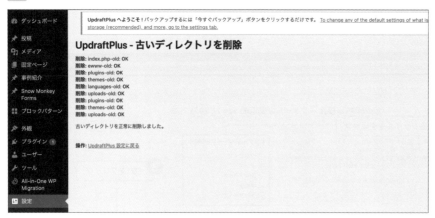

定期的なバックアップをスケジュールする場合、「設定」タブをクリックします。

ファイルバックアップとデータバックアップについてそれぞれ、自動スケジュールか手動かを選ぶプルダウンと、バックアップを何世代まで保管しておくかを選択できます 図8 。

また「保存先を選択」の欄では、外部ストレージにバックアップを保存する設定ができるようになっています。これを選択していないデフォルトの状態では、サーバー上に保存されます。

図8 定期的なバックアップの設定

バックアップするファイルの種類の指定も可能です。基本的には、すべて選択した状態でよいでしょう 図9 。

図9 バックアップの種類を指定

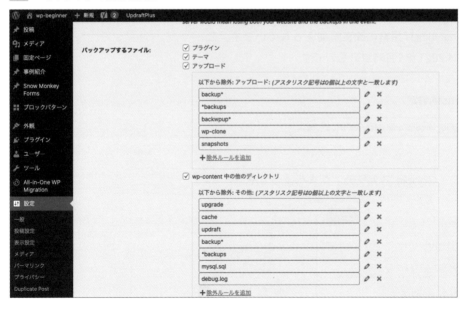

設定が終わったら、画面下部の「変更を保存」をクリックしてください。これでバックアップの設定が終了しました。

アクセス解析関連

THEME テーマ

Webサイトは公開して終わりではありません。訪問者はどのくらいいるのか、どこから何を求めてやってきたのかなどがわかると、Webサイトの改善点が見えてきます。そのためにアクセス解析を導入しましょう。

Google Analytics（グーグルアナリティクス）

「Google Analytics」とは、Googleが提供しているアクセス解析ツールです。たとえば現在リアルタイムでサイトを閲覧している人数や、ある期間内のアクセス人数などを簡単に表示することができます。

では、具体的な設定手順を解説します。**図1** にアクセスして「測定を開始」をクリックすると「管理」画面が表示されます。この画面をスクロールしていくと、設定する項目が順次表示されていきます。

まずは「管理」から「アカウントの設定」でアカウント名を設定します。その他の項目はデフォルトのままで大丈夫です。

なお、Google Analytics は頻繁に改良が加えられています。ここで紹介する手順は2021年9月時点のものです。

> **memo**
> Google Analyticsの利用にはGoogleアカウントを取得してログインする必要があります。

図1 Google Analyticsの設定

1 https://analytics.google.com/analytics/web/にアクセス

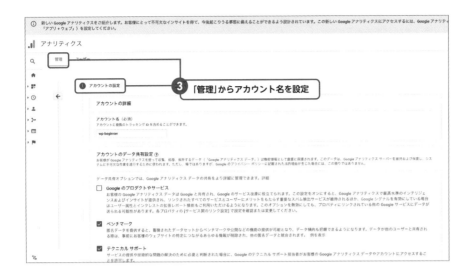

次にプロパティを設定します。

現在Google Analyticsには、Google Analytics4プロパティ（以下、GA4）と、ユニバーサルアナリティクスプロパティ（以下、UA）の2種類が存在します。

GA4は、2020年にアップデートされた新しいプロパティで、アプリとWebサイトを横断した分析や、機械学習が導入されるなど、新機能が次々と追加されています。分析ツールとしては不安定な部分が残っていますが、近い将来主流になっていくことが予想されています。

なお、WebサイトではUAでのみ取得できるデータがあることや、GA4の導入を早いと考える人が多いため、両方のプロパティを設定することをおすすめします 図2。

図2 プロパティの設定

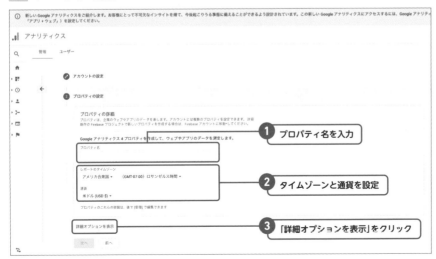

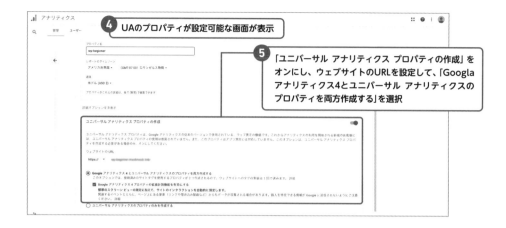

最後にビジネスの概要について、あてはまるものを選択して「作成」をクリックします 図3 。

図3 ビジネスの概要

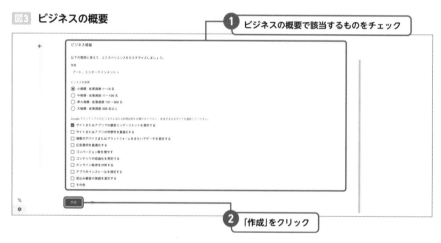

Google Analytics利用規約が表示されます。「日本」のものを選び、同意しましょう 図4 。

図4 Google Analytics利用規約

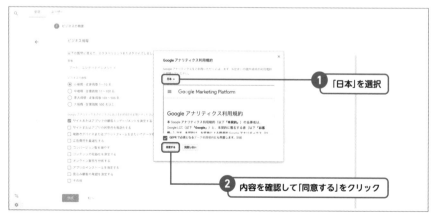

GA4データストリームの画面が開きます。「タグ設定手順」で「新しいページ上のタグを追加する」をクリックします。その後、「グローバル サイトタグ…」を展開すると、サイトに貼り付けるためのタグが取得できます 図5 。

本書ではGoogleタグマネージャーを利用するので、右上の「測定ID」のみを控えておきましょう。

図5 タグの取得

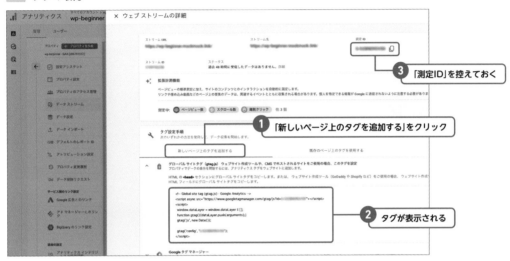

UA用のタグやIDを取得する場合はいったん画面を閉じ、プロパティ列の▲メニューを押してください。するとGA4とUAどちらのプロパティを表示するか選ぶことができます 図6 。

まず、UAのプロパティを表示した上で、「トラッキング情報」をクリックします。

図6 トラッキング情報の取得

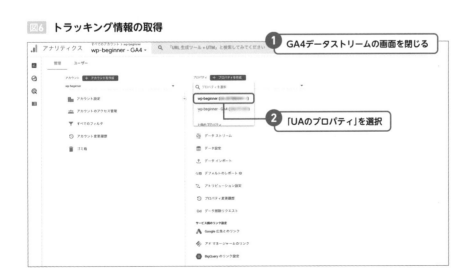

ここで控えておいたIDは、あとでGoogle タグマネージャーを利用してGoogle Analyticsのタグを挿入する際に使用します。グローバルサイトタグはタグマネージャーを利用する場合は使用しません。

Search Console（サーチコンソール）

「Search Console」は、Googleが提供する分析ツールです。検索キーワードがどんなものか、クリック率はどのくらいかのほか、SEO面での問題点についても分析して教えてくれます。またWebサイトのユーザビリティなどに関しても問題点があれば通知がきます。

先ほどのGoogle Analyticsが、サイトに訪れたあとのことを解析してくれるものだとすれば、Search Consoleはサイトに訪れる前のことについて解析してくれるものです。

それでは実際に設定をおこなってみましょう 図7。

「ドメイン」と「URLプレフィックス」がありますが、今回は設定がより簡易な「URLプレフィックス」での登録をおこないます。対象のWebサイトのURLを入力してください。

図7　Search Consoleページ

そのサイトの管理者本人であるか、所有権の確認が行われます。

いくつか方法がありますが、今回は「HTMLタグ」を選択して、メタタグを追加する方法で所有権の確認をおこなってみましょう 図8 。

図8　メタタグで所有者を確認

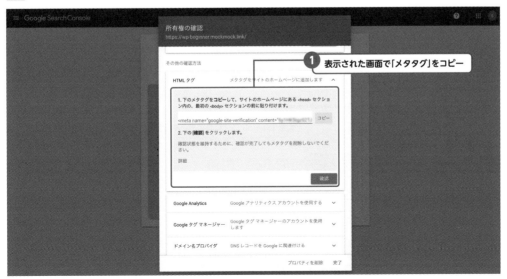

メタタグは <head> セクション内に貼り付けるということなので、header.php 内に貼り付けて、FTP などでサーバー内のファイルを更新しましょう 図9 。

図9 メタタグをheader.phpに貼り付け

```
<head>
        <!-- ここにタグを貼り付ける -->
        <meta name="google-site-verification" content="...（固有の文字列）" />
        <meta charset="<?php bloginfo( 'charset' ); ?>" />
        <meta http-equiv="X-UA-Compatible" content="IE=edge">
        <meta name="viewport" content="width=device-width, initial-scale=1.0">
        <?php wp_head(); ?>
</head>

<body <?php body_class(); ?>>
```

メタタグの設置ができたら、図8 のページで「確認」を押します。「所有権を自動確認しました」と表示されれば、Search Console の設定は完了です。

はじめて登録した場合、データが表示されるまでに1日〜3日ほどかかる場合があります。

Search ConsoleとGoogle Analyticsを紐付ける

Search Console と Google Analytics はお互いを紐付けることもできます。

Google Analytics を開き、左サイドメニューから「集客＞Search Console＞ランディングページ」と進み、「Search Console のデータ共有を設定」をクリックします 図10 。

> **memo**
> Google AnalyticsのプロパティはUAのものを選択してください。

図10 Search ConsoleとGoogle Analyticsの紐付け

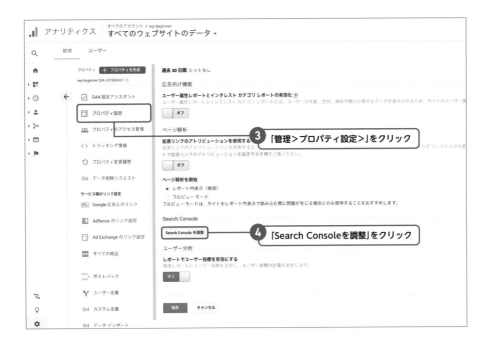

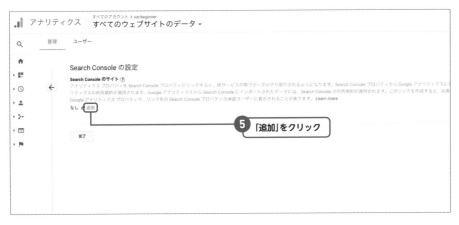

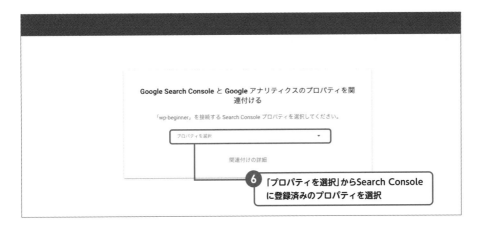

あとは画面の指示に従っていけば、連携できるようになります。

Googleタグマネージャー

「Googleタグマネージャー（略称：GTM）」とは、Googleから提供されているタグマネジメントツールです。

先ほどの Google Analytics のように、一般的にアクセス解析のための計測タグなどを利用する場合、各サービスから「これを埋め込んでください」など、指定のタグを指定のHTMLに埋め込む必要がありました。しかし、タグを追加したい場合や削除したい場合などに、毎回様々なページを編集するのは大変です。

そういった編集の手間を省き、管理画面上からどこにどんなタグを埋め込むかを指定できるようにしたものが、Google タグマネージャーのようなタグマネジメントツールです。

最初だけHTMLを編集する必要がありますが、それが終わればよりスムーズにタグを追加することができるようになります。

Googleタグマネージャーの設定

GTM を設定するには「アカウント」と「コンテナ」という概念を理解しておく必要があります 図11 。

図11 アカウントとコンテナ

名称	説明
アカウント	コンテナを管理するグループのこと。サイトの管理会社ごとに1アカウントで分けるのが一般的
コンテナ	サイトごとの設定を表す。1サイトごとに1コンテナで分けるのが一般的

クライアント名ごとにアカウントが存在し、クライアントごとに複数サイトがある場合はひとつひとつがコンテナとして存在している状態を想像してもらえればわかりやすいでしょう。

それでは実際にGTMを設定していきましょう 図12 。

図12 GTMの設定

① GTMのサイト（https://marketingplatform.google.com/intl/ja/about/tag-manager/）にアクセス

② 「無料で利用する」をクリック

③ Googleアカウントへのログインが求められる場合はログインする

4 「アカウントの作成」をクリック

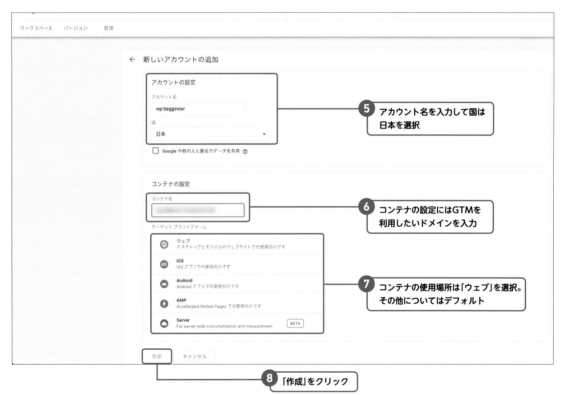

5 アカウント名を入力して国は
日本を選択

6 コンテナの設定にはGTMを
利用したいドメインを入力

7 コンテナの使用場所は「ウェブ」を選択。
その他についてはデフォルト

8 「作成」をクリック

「作成」をクリックすると、Googleタグマネージャーの利用規約
が表示されます。

　右上の「はい」をクリックするとGTMのアカウントとコンテナ
の作成が終わり、2つのコードが発行されます 図13 。

図13 コードの発行

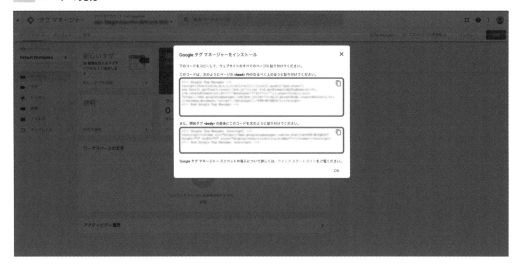

　これらはそれぞれ、サイトに設置するべきコードです。上のものは <head> 内のなるべく上、下のものは <body> 直後という指定があります。今回作成したテーマファイルの header.php などに記載するとよいでしょう 図14。このタグを入れると、利用準備が完了します。

図14 メタタグをheader.phpに貼り付け

```
<head>
        <!-- Google Tag Manager -->

        <!-- ここにタグ 1 を貼り付ける -->

        <!-- End Google Tag Manager -->
        <meta charset="<?php bloginfo( 'charset' ); ?>" />
        <meta http-equiv="X-UA-Compatible" content="IE=edge">
        <meta name="viewport" content="width=device-width, initial-scale=1.0">
        <?php wp_head(); ?>
</head>
<body <?php body_class(); ?>>
        <!-- Google Tag Manager (noscript) -->

        <!-- ここにタグ 2 を貼り付ける -->

        <!-- End Google Tag Manager (noscript) -->
        <?php wp_body_open(); ?>
```

GTMにGoogle Analyticsのタグを設定する

それでは配信したいタグをワークスペースで設定してみましょう。今回はサイト内の全ページにGoogle Analyticsのタグを設定してみます 図15 。

図15 Google Analyticsのタグを設定

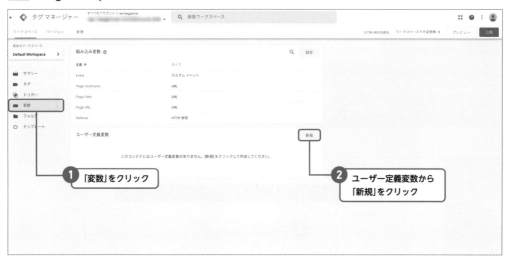

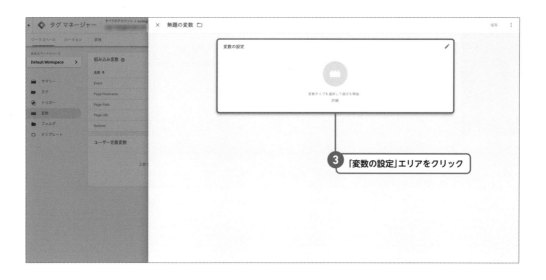

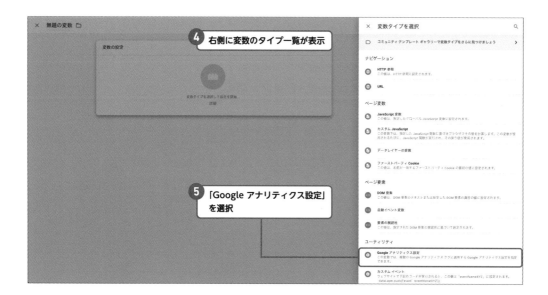

4 右側に変数のタイプ一覧が表示

5 「Google アナリティクス設定」を選択

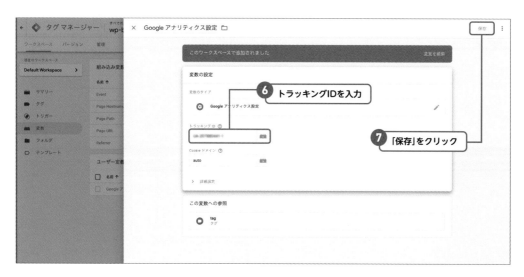

6 トラッキングIDを入力

7 「保存」をクリック

8 変数の設定が完了

　次はこの変数を使って、タグを設定していきます。左サイドメニューから「タグ」をクリックします。

　まだなにも設定されていませんので、右上の「新規」をクリックします 図16。

図16 変数でタグを設定

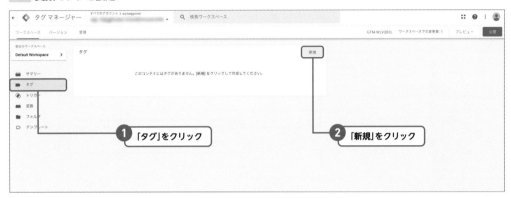

　「タグ」と「トリガー」を設定する画面が表示されます。

　「タグ」とは、サイトに埋め込むタグのことです。「トリガー」とは、そのタグが配信されるルールのようなものです。

　今回の場合、「すべてのページ」に「Google Analyticsのタグ」を配信したいので、「タグ」に設定するべきは「Google Analytics」のタグが該当し、「トリガー」に設定すべきは「すべてのページ」という指定になります。

　それでは実際にタグを設定してみます。タグの設定エリアをクリックすると画面のようにタグタイプを選択する画面が出てきます。今回は「Google アナリティクス ユニバーサルアナリティクス」を選択します 図17。

図17 タグの設定

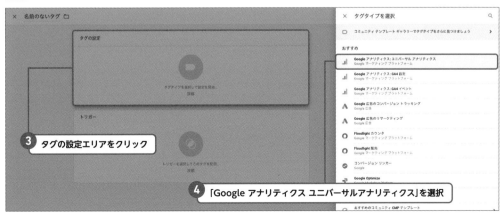

トラッキングタイプを「ページビュー」とし、Google アナリティクス設定には先ほど設定した「Google アナリティクス設定」の変数を指定します。

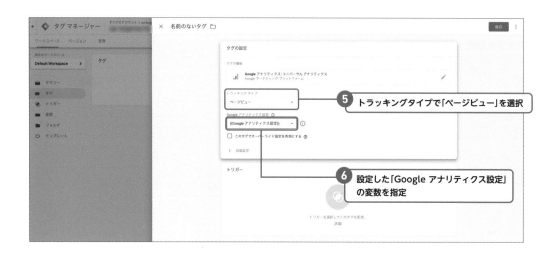

続いてトリガーを設定します。トリガーエリアをクリックするとルールを選択できます。ここでは「All Pages」を選択しましょう 図18 。

図18 トリガーを設定

GA4のタグも追加します。図16（P265）の②の「新規」を再度ク
リックし、タグの設定エリアをクリックして、タグタイプで
「Google アナリティクス：GA4 設定」を選びます。「測定ID」には
P255の図5でコピーしておいたIDをコピー＆ペーストしましょ
う。トリガーはこちらも「All Pages」です。終わったらバージョ
ン名を設定して公開します図19。

図19 GA4のタグも追加して公開

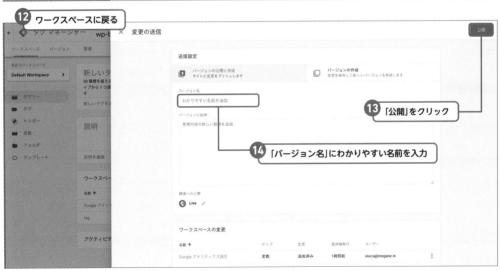

以上でGoogle Analytics と Search Console、Google タグマネー
ジャーの設定手順は終わりです。

Webサイトは、これらの分析ツールから得られた情報を元に、
常に改修改善を繰り返していくものです。これらの分析ツールを
どのように活用していくかについては、様々な書籍やWebサイ
トで解説されているので、ぜひ自分なりに調べてみてください。

Index 用語索引

執筆者紹介

ちづみ

Lesson1・2執筆

1993年長野県生まれ。林間学校職員、小学校の教員を経て2018年にWeb業界に転職。現在はフリーランスとして、主にWordPressのWebサイト制作やSNS運用、デザイン業務に携わる。愛知県常滑市でパソコン仕事がしやすい古民家カフェも運営中。好きな食べ物はお米パン。
Twitter：https://twitter.com/098ra0209

大串 肇 （おおぐし・はじめ）

Lesson3・4・5執筆

1978年生まれ。Web制作会社に就職後、フリーランスを経て、WordPressを利用したWebサイトの制作及び運用サポート、コンサルティングなどを行う株式会社mgnを起業。Webでの集客から、収益化に至るまでに必要なすべてを提供するべく、お客様と相談しながら日々業務をおこなう。
制作の他に、プログラミング教育分野での活動として、講師や執筆なども務める。

さいとう しずか

Lesson6・8執筆

1983年岡山県生まれ。神奈川県在住。2005年より複数のECショップ運営会社で、LP・ショップサイトの制作からバックオフィスまで様々な業務に携わる。2018年、Web制作の世界に飛び込み、はじめてWordPressと出会う。現在は株式会社mgnでWordPressを利用したWebサイト制作に携わり、ディレクション・保守運用・開発などをおこなっている。大きな犬と猫が好き。
Webサイト：https://xiuca.me
Facebook：https://www.facebook.com/xiuca.shizuka

大曲果純 （おおまがり・かすみ）

Lesson7執筆

1991年10月生まれ。埼玉県川口市出身。2014年よりWordPressをメインに扱うWeb制作会社にてWebエンジニアとして勤務。その後ディレクションやマーケティング、社内教育など複数のポジションを兼務。現在もWeb制作会社にてバックエンドをメインに、フロントエンドからサーバサイドまで幅広く対応。WordPressのイベントにもスタッフやスピーカーとして関わり、公式プラグインも公開。他イベントでの登壇歴も多数。
Webサイト：https://minkapi.style/
Facebook：https://www.facebook.com/kasumi.minkapi/

●制作スタッフ

[装丁]	西垂水 敦 (krran)
[カバーイラスト]	山内庸資
[本文デザイン]	加藤万琴
[編集]	小関 匡
[DTP]	佐藤理樹 (アルファデザイン)

| [編集長] | 後藤憲司 |
| [担当編集] | 後藤孝太郎 |

初心者からちゃんとしたプロになる
WordPress基礎入門

2021年11月21日　初版第1刷発行

[著 者]	ちづみ、大串 肇、さいとうしずか、大曲果純
[発行人]	山口康夫
[発 行]	株式会社エムディエヌコーポレーション 〒101-0051　東京都千代田区神田神保町一丁目105番地 https://books.MdN.co.jp/
[発 売]	株式会社インプレス 〒101-0051　東京都千代田区神田神保町一丁目105番地
[印刷・製本]	中央精版印刷株式会社

Printed in Japan
©2021 Chizumi, Hajime Ogushi, Shizuka Saito, Kasumi Omagari. All rights reserved.

【カスタマーセンター】
造本には万全を期しておりますが、万一、落丁・乱丁などがございましたら、送料小社負担にて
お取り替えいたします。お手数ですが、カスタマーセンターまでご返送ください。

落丁・乱丁本などのご返送先
〒101-0051　東京都千代田区神田神保町一丁目105番地
株式会社エムディエヌコーポレーション カスタマーセンター
TEL：03-4334-2915

書店・販売店のご注文受付
株式会社インプレス　受注センター
TEL：048-449-8040 ／ FAX：048-449-8041

【 内容に関するお問い合わせ先 】

株式会社エムディエヌコーポレーション
カスタマーセンター メール窓口

info@MdN.co.jp

本書の内容に関するご質問は、Eメールのみの受付となります。メールの件名は「初心者からちゃんとしたプロになる
WordPress基礎入門　質問係」、本文にはお使いのマシン環境（OSとWebブラウザの種類・バージョンなど）をお書
き添えください。電話やFAX、郵便でのご質問にはお答えできません。ご質問の内容によりましては、しばらくお時
間をいただく場合がございます。また、本書の範囲を超えるご質問に関しましてはお答えいたしかねますので、あら
かじめご了承ください。

ISBN978-4-295-20225-7 C3055